Petra Twardokus

Katze – Mensch
Mensch – Katze

Wörterbuch der Katzensprache

Einbandgestaltung: Kornelia Erlewein
Die Zeichnungen stammen von Kornelia Erlewein.

Die in diesem Buch enthaltenen Hinweise und Ratschläge wurden nach bestem Wissen und Gewissen gemacht. Sie entbinden den Katzenhalter nicht von der Eigenverantwortung für sein Tier. Alle Angaben wurden gründlich geprüft. Eine Haftung des Autors oder des Verlages und seiner Beauftragten für Personen-, Tier-, Sach- und Vermögensschäden ist ausgeschlossen.

ISBN 978-3-275-01812-3

Copyright © 2011 by Müller Rüschlikon Verlag
Postfach 103743, 70032 Stuttgart
Ein Unternehmen der Paul Pietsch Verlage GmbH & Co. KG
Lizenznehmer der Bucheli Verlags AG, Baarerstr. 43, CH-6304 Zug

1. Auflage 2011

Sie finden uns im Internet unter www.mueller-rueschlikon-verlag.de

Nachdruck, auch einzelner Teile, ist verboten. Das Urheberrecht und sämtliche weiteren Rechte sind dem Verlag vorbehalten. Übersetzung, Speicherung, Vervielfältigung und Verbreitung, einschließlich Übernahme auf elektronische Datenträger wie CD-ROM, Bildplatte usw. sowie Einspeicherung in elektronische Medien wie Bildschirmtext, Internet usw. sind ohne vorherige schriftliche Genehmigung des Verlages unzulässig und strafbar.

Lektorat: Angela Saur
Innengestaltung: Kornelia Erlewein
Druck und Bindung: Kessler Druck und Medien, 86399 Bobingen
Printed in Germany

Liebe Leserin, lieber Leser	*4*

Katze – Mensch

Unterschiedliches Verhalten	*8*
Ähnliches und identisches Verhalten	*16*
Missverständliches Verhalten	*40*
Katzenverhalten wörtlich übersetzt	*58*
Verhalten beim Streicheln und Spielen	*76*

Mensch – Katze

Unterschiedliches Verhalten	*88*
Ähnliches und identisches Verhalten	*96*
Missverständliches Verhalten	*100*
Katzenregeln an den Menschen	*118*
Menschenregeln an die Katze	*119*
Unterschiedliche Katzenpersönlichkeiten	*120*
Vorbildhaftes Katzenverhalten oder: Was Menschen von Katzen lernen können	*123*
Autoreninfo	*127*

Liebe Leserin,
lieber Leser,

zuerst wieder meine Bitte, die in allen meinen Büchern, Fernlehrgängen und Fernkursen zu finden ist: Bitte sprechen Sie nur noch von Tierhaltern, aber nicht von Tierbesitzern. Katzen und alle anderen Tiere sind Lebewesen, die man nicht besitzen kann.

Dieses Übersetzungsbuch soll dabei helfen, kätzisches Verhalten für den Menschen verständlicher zu machen. Bei Übersetzungen in die menschliche Sprache soll es sich natürlich nicht um Vermenschlichung handeln. Im Gegenteil, es geht einfach darum, zu verdeutlichen, was vergleichsweise in einer Katze vorgeht, damit der Mensch es besser nachvollziehen kann. Bei vielen Verhaltensweisen kommt es immer auf den Zusammenhang an, der letztendlich ausschlaggebend für die tatsächliche Bedeutung ist. Es darf auch nicht nur ein Aspekt betrachtet werden, sondern

immer die gesamte Situation beziehungsweise die komplette Körpersprache. Katzen benutzen in der Regel wenig Laute, also »Worte« wie der Mensch, sondern verständigen sich untereinander über eine umfangreiche Körpersprache. Diese setzt sich zusammen aus Körperhaltungen, Mimik, Gestik und wird durch Lautsprache ergänzt. Katzen vokalisieren zwar, aber die Lautsprache hat nicht die selbe herausragende Bedeutung wie die menschliche Sprache für uns. Das bekannte »Miau« in allen Variationen und Tonlagen bleibt in seiner tatsächlichen Bedeutung für uns Menschen eher ein Rätsel. Natürlich gibt es Katzen, die es für uns verständlich in einem bestimmten Tonfall anwenden, um nach Futter zu betteln, uns aufzuwecken, hinaus oder hinein gelassen zu werden, oder einfach um auf sich aufmerksam zu machen.

Jede Katze hat eine eigene »Stimme«, so dass sich ein »Miau« bei jeder anders anhört. Es gibt Katzen, die diesen Laut oft hören lassen, was als »kommunikativ« gilt, aber auch viele, die es eher vorziehen zu schweigen. Häufig werden Katzen, die untereinander mehr mit ihrer Körpersprache miteinander kommunizieren, dem Menschen gegenüber nämlich erst »laut«, wenn dieser sie lautlos nicht versteht, weil er sich mit ihrer Körpersprache nicht auskennt. Dann müssen sie einfach deutlicher werden. Ein Ton lässt sich jedoch nicht in einem geschriebenen Wort wiedergeben. Wir könnten ihn nicht einmal mit unserer Stimme exakt imitieren. Darum wird auf das Erklären des »Miau« in diesem Buch eher verzichtet, denn es stellt nicht die wirkliche Sprache der Katze dar. Beobachten Sie Ihre Katze mit Interesse, beschäftigen Sie sich viel mit ihr und legen Sie keine menschlichen Verhaltensmaßstäbe an. Sprechen Sie in einem ruhigen Tonfall mit ihr, verbinden Sie bestimmte Aussagen mit Gesten und verwenden Sie für bestimmte Dinge, Tätigkeiten, Aufforderungen immer dieselben Worte. Dann und mit Hilfe dieses Buches sind Sie auf dem besten Weg, verständlich mit Ihrer Katze kommunizieren zu können.

Ich wünsche Ihnen nun viel Freude beim Lesen und wertvolle neue Erkenntnisse, um Ihre Samtpfote(n) noch besser verstehen und ihr Verhalten übersetzen zu können.

Alles Liebe und Gute
Petra Twardokus

Unterschiedliches Verhalten

Katze ≠ Mensch

Unterschiedliches Verhalten

Verhalten der Katze		Verhalten des Menschen
Die Katze kratzt sich und leckt dabei in die Luft oder auf den Boden: Sie kompensiert den gleichzeitigen Schmerz durch die scharfen Krallen.	≠	Der Mensch verzieht eher etwas das Gesicht, wenn ihm etwas weh tut.
Die Katze macht einen Buckel, indem sie den Rücken hoch aufwölbt, die Beine durchstreckt und das Fell sträubt: Sie wirkt größer; eine Mischung aus Angriff und Verteidigung.	≠	Der Mensch streckt die Brust raus, nimmt eine gerade Haltung ein, um imposanter zu wirken, als Provokation oder Abwehr.
Die Katze macht einen Buckel mit angelegtem Fell: nach dem Aufstehen, um sich zu recken und zu strecken.	≠	Der Mensch streckt den ganzen Körper und die Arme nach oben, um sich zu dehnen.

Unterschiedliches Verhalten

Verhalten der Katze		Verhalten des Menschen
Die Katze macht einen Buckel mit angelegtem Fell und drückt sich an das Bein des Menschen: Bettelgeste, um Futter oder Streicheleinheiten zu bekommen.	≠	Der Mensch schmiegt sich eher mit dem ganzen Körper einschmeichelnd an eine Person.
Die Katze setzt sich vor die Tür und starrt darauf, um zu zeigen, dass sie hinaus oder herein möchte oder kratzt mit den Pfoten daran: Wunsch äußern.	≠	Der Mensch zeigt mit dem Finger auf etwas oder vokalisiert seinen Wunsch.
Die Katze schnuppert an der Schnauze oder Nase an Nase, gibt oder reibt das Köpfchen: Begrüßung eines bekannten Lebewesens.	≠	Der Mensch winkt, gibt die Hand, umarmt sogar manchmal.
Fellschnüffeln oder Analkontrolle, um entsprechende Informationen zu erhalten: Begrüßung eines fremden Lebewesens.	≠	Der Mensch stellt sich vor, sagt, wer er ist und was er macht, überreicht eine Visitenkarte.

Unterschiedliches Verhalten

Verhalten der Katze		Verhalten des Menschen
Katze blinzelt mit den Augen, indem sie langsam das Oberlid herunter und das Unterlid gleichzeitig heraufzieht: Wird wie ein Lächeln eingesetzt, dient der Beschwichtigung, ist aber auch vergleichbar einem freundlichen Zuzwinkern.	≠	Der Mensch lächelt freundlich mit dem Mund oder beschwichtigt verbal.
Beschwichtigen: Die Katze blinzelt, schaut weg oder zur Seite, gähnt, putzt sich demonstrativ.	≠	Der Mensch unterbricht zur Beschwichtigung den Blickkontakt, beruhigt verbal.
Nahrungsaufnahme: Die Katze frisst auf dem Boden in vorgebeugter Haltung, Kopf nach vorn gereckt, nimmt Futter direkt mit dem Mäulchen auf.	≠	Der Mensch isst im Sitzen, führt mit Besteck das Essen zum Mund.

Unterschiedliches Verhalten

Verhalten der Katze		Verhalten des Menschen
Trinken: Die Katze trinkt in vorgebeugter Haltung, formt mit der Zunge einen Trichter, um die Flüssigkeit in Form einer Wassersäule mit der Zungenspitze ins Maul zu befördern.	≠	Der Mensch führt den Flüssigkeitsbehälter zum Mund, legt den Kopf leicht nach hinten, saugt und schluckt.
Die Katze scharrt ihre Exkremente mit Streu zu und reinigt nach dem Toilettengang mit der Zunge ihre Genitalien.	≠	Der Mensch säubert sich mit Toilettenpapier und betätigt die Toilettenspülung.
Die Katze schnieft, wobei flüssiges Sekret durch die Nase ausgestoßen wird.	≠	Der Mensch putzt sich mit einem Taschentuch die Nase.
Die Katze niest, um Staub und Fremdkörper durch die Nase auszustoßen, bei Erkältungen, Allergie u. ä.	≠	Der Mensch niest aus denselben Gründen, hält sich dabei aber meist die Hand vor den Mund.

Unterschiedliches Verhalten

Verhalten der Katze		Verhalten des Menschen
Die Katze gibt ein hustenähnliches Geräusch von sich, meistens auf den Boden gekauert, mit vorgebeugtem Hals, bei Verschlucken, einem Fremdkörper, Erkältung.	≠	Der Mensch hustet aus denselben Gründen und hält sich dabei meist die Hand vor den Mund.
Verärgerung: Die Katze schlägt gereizt mit der Schwanzspitze hin und her, was sich bis hin zum Peitschen des Schwanzes steigern kann.	≠	Der Mensch äußert Verärgerung eher verbal, aber auch über abweisende und ablehnende Körperhaltungen wie Arme vor der Brust verschränken oder Trommeln mit den Fingern auf dem Tisch.

Beide schwanken zwischen Flucht oder Angriff, genervtem Weglaufen oder sich wehren.

Unterschiedliches Verhalten

Verhalten der Katze	Verhalten des Menschen
Unschlüssigkeit: Die Schwanzspitze der Katze zuckt, der Schwanz windet sich leicht hin und her, da sie zwischen zwei Impulsen hin und hergerissen ist, oder sie zeigt Übersprungshandlungen wie gähnen, sich kratzen etc.	≠ Der Mensch wiegt den Kopf hin und her, zuckt mit den Achseln oder zeigt Übersprungshandlungen wie sich kratzen.

Ähnliches und identisches Verhalten

Katze ≅ Mensch

Ähnliches und identisches Verhalten

Katzen verfügen über dieselben Sinnesorgane und somit über dieselben Sinne wie der Mensch, nämlich Sehen, Hören, Riechen, Schmecken, Tasten. Ihre Sehfähigkeit ist in der Dämmerung jedoch erheblich höher. Ihre Augen benötigen nur ein Sechstel der Helligkeit, die wir mindestens brauchen. Das Tapetum lucidum der Katze, ein verspiegelter Augenhintergrund, wirkt als Restlichtverstärker und lässt die Katzenaugen im Dunkeln leuchten.

Verhalten der Katze	Verhalten des Menschen
Die Katze hat runde Pupillen, die sich zu einem länglichen, senkrechten Schlitz zusammenziehen können.	Der Mensch hat runde Pupillen, die sich zwar verkleinern können, aber ihre runde Form beibehalten.

≅

Ähnliches und identisches Verhalten

Verhalten der Katze		Verhalten des Menschen
Weite (große) Pupillen: in der Dämmerung, aber auch bei Überraschung, Aufregung, Angst, Abwehrbereitschaft.	≅	Weite (große) Pupillen: in der Dämmerung, aber auch bei großer Freude, Angst, Schreck, Stress.
Enge (verkleinerte) Pupillen: bei Helligkeit, aber auch bei Anspannung, Wut, aggressiver Drohung, Schmerzen.	≅	Enge (verkleinerte) Pupillen: bei Helligkeit, aber auch bei Ärger, Müdigkeit, Desinteresse, Überforderung.
Die Katze reißt die Augen auf, wenn etwas ihre Aufmerksamkeit erregt.	≅	Der Mensch reißt die Augen auf bei Erstaunen, Schreck, zieht auch die Augenbrauen hoch bei Überraschung, Ungläubigkeit.
Die Zunge der Katze ist rau, mit Hornpapillen besetzt.	≅	Die Zunge des Menschen ist glatt.
Geschmackssinn: Die Katze kann sauer, salzig, bitter schmecken, aber kaum süß.	≅	Der Mensch kann süß, sauer, salzig, bitter, umami (herzhaft) schmecken.

Ähnliches und identisches Verhalten

Verhalten der Katze		Verhalten des Menschen
Appetitlosigkeit: Die Katze hat bei Unpässlichkeit, Krankheit, Schmerzen, Trauer, Angst, Stress, aber auch Futterumstellung häufig keinen Appetit.	≅	Dem Menschen vergeht bei Krankheit, Trauer, Problemen, Sorgen, Stress, Angst der Appetit, aber auch, um auf die Linie zu achten oder aus Magersucht.
Heißhunger: Die Katze betreibt Frustfressen aus psychischen Gründen wie Langeweile, Frustration oder aber aus körperlichen Gründen wegen Wurmbefall, Schilddrüsenüberfunktion, Diabetes.	≅	Der Mensch isst ebenfalls aus Langeweile, Frustration oder Kummer zu oft und zu viel oder aber aufgrund körperlicher Ursachen. *Der Mensch denkt häufig, seine Katze sei einfach verfressen.*
Futterneid: Die Katze schlingt oftmals das eigene Futter herunter, um noch die Reste aus dem Napf der anderen Katze zu verspeisen; lässt niemanden an ihren Futternapf; kommt sofort angerannt, wenn eine andere Katze etwas zu fressen bekommt.	≅	Der Mensch kann ebenfalls Appetit bekommen, wenn er andere essen sieht; ihm »läuft das Wasser im Mund zusammen«; ist gegebenenfalls nicht bereit, seine Mahlzeit zu teilen.

Ähnliches und identisches Verhalten

Moppelchen

Bei Übergewicht muss die Katze – genau wie der Mensch – unbedingt abnehmen, da gesundheitliche Beeinträchtigungen drohen. Sie bekommt dann kleinere Rationen, keine Leckerchen, Diätfutter. Dabei sollte die Futterration gekürzt werden, bis das gewünschte Gewicht erreicht ist. Keinesfalls sollte das Futter einfach weggelassen werden, da dann schwere Leberschäden drohen. Auch mehr Bewegung hilft der Katze dabei, überflüssiges Gewicht zu verlieren.

Verhalten der Katze		Verhalten des Menschen
Betteln: Die Katze miaut kläglich.	≅	Der Mensch fleht und jammert.
Stehlen: Die Katze wartet auf einen unbeobachteten Moment, schleicht sich an und greift mit den Zähnen zu oder zieht es sich mit den Pfoten auf den Boden.	≅	Der Mensch wartet auf einen unbeobachteten Moment, schleicht sich an, greift mit den Händen zu (und versteckt das Diebesgut in der Tasche).

Ähnliches und identisches Verhalten

Verhalten der Katze	Verhalten des Menschen
Die Katze verkriecht sich, um nicht gesehen zu werden und sich Unangenehmem zu entziehen. ≅	Der Mensch versteckt sich aus denselben Gründen.

Kuckuck

Katzen meinen wie kleine Kinder, dass man sie nicht mehr sehen kann, wenn sie auch nichts mehr sehen, weil sie sich mit dem Kopf und dem Oberkörper irgendwo versteckt haben. Dass der Rest des Körpers, und sei es nur der Schwanz, für andere noch sichtbar ist, ist ihnen nicht bewusst.

Verhalten der Katze	Verhalten des Menschen
Anschleichen: Die Katze duckt sich tief auf den Boden, pirscht sich voran. ≅	Der Mensch macht sich ebenfalls etwas kleiner und schleicht, um nicht wahrgenommen zu werden.

Ähnliches und identisches Verhalten

Nähe und Distanz

Fluchtdistanz nennt sich der Abstand, bis auf den die Katze einen Angreifer oder eine drohende Gefahr an sich heran lässt, ohne zu fliehen. Auch der Mensch hat eine Distanz, bis zu der er tolerieren kann, dass sich ihm andere ohne Weiteres nähern.

Die *Wehrdistanz* hingegen ist eine bestimmte kritische Distanz, ab der eine Abwehrreaktion durch die Katze erfolgt. Auch der Mensch kann mit Abwehr (Zurücktreten, Wegschubsen) reagieren, wenn ihm jemand zu nahe kommt.

Mit *Individualdistanz* bezeichnet man den Abstand, auf den die Katze einen Artgenossen an sich heran lässt. Auch der Mensch hat eine individuell unterschiedliche Distanz, bevor ihm Nähe unangenehm wird.

Verhalten der Katze		Verhalten des Menschen
Rückzug: Die Katze kann sich aus mehreren Gründen zurückziehen, wie Angst vor etwas/jemandem, Eifersucht, Langeweile, körperliches Unwohlsein.	≅	Der Mensch zieht sich ebenfalls aus unterschiedlichen sowie den genannten Gründen zurück und lässt niemanden mehr an sich heran.

Ähnliches und identisches Verhalten

Verhalten der Katze		Verhalten des Menschen
Abneigung drückt die Katze deutlich durch Weggehen, Flüchten, Ignorieren, Anfauchen oder sogar Angreifen aus.	≅	Der Mensch drückt Abneigung ebenfalls deutlich durch Körpersprache aus, indem er sich wegdreht, den Kopf abwendet, das Gesicht verzieht, weggeht, jemanden ignoriert oder verbal angreift.
Vorlieben: Jede Katze hat ganz individuelle Vorlieben, die andere vielleicht nicht haben; dazu zählen Futtersorten, Spielarten, die Form des Umgangs, Wasser, bestimmte Gewohnheiten, Lieblingsplätze.	≅	Der Mensch hat ebenfalls eigene Vorlieben, die andere nicht unbedingt teilen.
Eifersucht: Jede Katze reagiert ganz unterschiedlich je nach ihrem eigenen Naturell mit Unsauberkeit, Rückzug, Apathie oder Aggression, Zerstörungswut, Aufmerksamkeit heischendem Verhalten oder verändertem Fressverhalten.	≅	Der Mensch reagiert ebenfalls individuell mit Rückzug, Depression, Aggressionen, Aufdringlichkeit, Gewichtsverlust oder -zunahme.

Ähnliches und identisches Verhalten

Verhalten der Katze	Verhalten des Menschen
Reaktionen auf Stress: Unsauberkeit, Aufmerksamkeit heischendes Verhalten, Aggression, übertriebene Fellpflege bis zur Selbstverstümmelung, Stereotypien. ≅	Nervosität, Aggressivität, Rückzug, nervliche und körperliche Überforderung.

Fellpflege

Durch die tägliche Fellpflege, bei der die Katze die Haare, die an ihrer rauen Zunge hängen bleiben, abschluckt, kommt es im Magen zu einer Haarballenbildung. Diese Haarknäuel müssen unbedingt ausgeschieden werden, entweder durch Erbrechen oder über den Kot, damit es zu keinem Darmverschluss kommt. Der Mensch kann dies mit Katzengras oder Malz fördern, anstatt sich zu ärgern, dass die Haarballen der Katze bevorzugt auf dem Teppich oder der Badezimmermatte erbrochen werden.

Ähnliches und identisches Verhalten

Verhalten der Katze		Verhalten des Menschen
Die Katze putzt sich als Fellpflege zur Reinigung von Staub, Schmutz, Futterresten, Parasiten.	≅	Der Mensch wäscht sich zur Reinigung.
Die Katze putzt sich auch zum Stimulieren der Talgdrüsen, um das Fell geschmeidig und wasserdicht zu machen.	≅	Der Mensch cremt sich ein und massiert die Haut.
Die Katze putzt sich auch zur Temperaturregulierung, da der verdunstende Speichel kühlt.	≅	Der Mensch schwitzt über die Haut durch Schweißbildung.
Die Katze putzt sich auch als Übersprungshandlung, um Spannungen abzureagieren.	≅	Der Mensch kratzt sich bei Spannungen häufig am Kopf, streicht sich durch die Haare.
Die Katze putzt sich übertrieben und leckt sich wund bis zur Selbstverstümmelung, aus Nervosität, als Zwangshandlung.	≅	Der Mensch entwickelt einen Waschzwang, ständiges Kratzen.

Ähnliches und identisches Verhalten

| Verhalten der Katze | Verhalten des Menschen |

Zunge wird sichtbar: Die Katze wurde beim Putzen von irgendetwas gestört. Sie hält inne, friert in der Bewegung ein, so dass die Zunge draußen bleibt. ≅ Dem Menschen bleibt bei einer Irritation der Mund offen stehen.

Übersprungshandlung

Übersprungshandlungen dienen zum Abbau von Anspannung in einer irritierenden Situation, nach einer Auseinandersetzung mit einem Artgenossen oder einem unvermittelten Schreck. Übersprungshandlungen der Katze sind beispielsweise, dass sie gähnt, hektisch ihr Fell leckt, es beknabbert, sich über die Nase leckt oder sich demonstrativ kratzt. Der Mensch kratzt sich am Kopf, räuspert sich verlegen oder nervös, zupft an der Kleidung, streicht sich durch die Haare.

Die Katze kratzt sich mit den Krallen, wenn es juckt, aber auch als Übersprungshandlung. ≅ Der Mensch kratzt sich mit den Fingernägeln, wenn es juckt, aber auch als Übersprungshandlung.

Ähnliches und identisches Verhalten

Verhalten der Katze		Verhalten des Menschen
Gähnen: Die Katze gähnt bei Müdigkeit, nach dem Aufwachen, aber auch als Übersprungshandlung bei Unsicherheit, Unentschlossenheit, Langeweile oder zur Beschwichtigung.	≅	Der Mensch gähnt bei Müdigkeit, nach dem Aufwachen, bei Sauerstoffmangel, aus Langeweile.
Dösen: Die Katze döst meistens mit nicht ganz geschlossenen Augen, bekommt jedes Geräusch und jede Bewegung mit, ihre Sinne bleiben wach.	≅	Der Mensch hat beim Dösen die Augen geschlossen, hängt seinen Gedanken nach.
Schlafen: Die Katze verschläft ca. 16 Stunden im Laufe des gesamten Tages in Etappen.	≅	Der Mensch schläft nachts ca. 8 Stunden am Stück.
Schlafphasen: Dösen, Nickerchen, längerer leichter Schlaf, Tiefschlaf.	≅	Alle diese Schlafphasen gibt es beim Menschen auch.

Ähnliches und identisches Verhalten

Verhalten der Katze	Verhalten des Menschen
Träumen (mit schnellen Bewegungen der Augäpfel im Tiefschlaf, was einer Traumphase entspricht): Die Katze zuckt mit Ohren, Nase, Schnurrhaaren, Pfote, Schwanzspitze, kneift die Augen zusammen, macht schmatzende Saugbewegungen, schreit. ≅	Der Mensch wälzt sich unruhig hin und her, murmelt im Schlaf, leidet eventuell unter Schlafwandeln.
Die Schlafhaltung der Katze hängt mit der Umgebungstemperatur zusammen: eingekringelt, Kopf unter dem Körper (kühler), lang ausgestreckt, manchmal sogar auf dem Rücken liegend (wärmer). ≅	Der Mensch schläft in Embryostellung (zusammengekrümmt), lang ausgestreckt auf dem Rücken, auf der Seite oder mit angezogenen Beinen, auch auf dem Bauch.
Wechsel der Schlafposition: Die Katze steht oftmals auf, macht einen Katzenbuckel, um sich zu dehnen und sucht sich dann eine andere Schlafposition. ≅	Der Mensch wälzt sich im Bett auf die andere Seite.

Ähnliches und identisches Verhalten

Verhalten der Katze		Verhalten des Menschen
Die Katze streckt und dehnt sich nach dem Aufwachen oder längerem Liegen.	≅	Auch der Mensch streckt sich, um Muskulatur und Kreislauf anzuregen.
Katzen liegen gerne aneinander gekuschelt (Kontaktliegen).	≅	Auch Menschen kuscheln sich gern an einen anderen (Löffelchenstellung).

Fortpflanzung

Vor der Paarung wälzt und rollt sich die Kätzin auf dem Boden, häufig mit Lautäußerungen: Sie ist paarungsbereit und will ihren Sozialpartner dadurch visuell, akustisch sowie durch geruchliche Signale darauf aufmerksam machen. Die Kätzin bestimmt also die Paarung. Die Trächtigkeit der Katze dauert ca. 9 Wochen. Wachsende Kitten lassen einen dicken Bauch entstehen. Die Kitten werden mit Wehen aus dem Geburtskanal getrieben. Die Nabelschnur wird von der Kätzin durchgebissen. Sie säugt die Kitten über das Gesäuge, stimuliert mit der Zunge die Ausscheidung der Exkremente und nimmt sie oral auf.

Die Schwangerschaft des Menschen dauert ca. 9 Monate. Das Baby im Mutterleib – meistens ist es ja nur eines – lässt den Bauch wachsen, bis es bei der Geburt durch Wehen aus dem Geburtskanal getrieben wird. Die Nabelschnur wird durchgeschnitten. Die Mutter stillt das Baby über die Brust.

Ähnliches und identisches Verhalten

Verhalten der Katze	Verhalten des Menschen
Maternales Verhalten: Katzenmütter schützen ihren Nachwuchs vor Gefahren. ≅	Auch Frauen haben diesen natürlichen mütterlichen Trieb und kämpfen notfalls wie Löwinnen, wenn es darum geht, ihre Kinder zu beschützen.
Aufzuchtvariante: Kitten, die als Handaufzucht mit der Flasche vom Menschen aufgezogen werden müssen. ≅	Heimkinder, die ohne Mutter und Familie aufwachsen.

In beiden Fällen wirkt sich das sehr oft auf das weitere Leben aus.

Stereotypien (ein rituelles, in regelmäßigen Abständen immer wieder auftretendes Verhalten, das ohne Zusammenhang mit Umwelteinflüssen und/oder Zeit sowie Umgebung auftritt) zeigt die Katze in Form von Schwanzjagen, Kreislaufen, Wollenuckeln sowie Fliegenjagen ohne Beuteobjekt. ≅	Der Mensch zeigt Stereotypien in Form von einem Tick, Wasch- oder Kontrollzwang, jeglicher Art von Zwangsverhalten.

Ähnliches und identisches Verhalten

Verhalten der Katze		Verhalten des Menschen
Phobien: Die Katze hat irrationale, anhaltende Angst vor harmlosen Objekten/Situationen.	≅	Der Mensch kann ebenfalls unter Phobien leiden.
Angstformen: generelle Ängstlichkeit, Trennungs-/Verlustangst, Angst vor bestimmten oder fremden Dingen, Lebewesen, Situationen, Angstaggression.	≅	Auch der Mensch kann alle diese Formen der Angst erleben.
Angstreaktionen: Die Katze duckt sich aus Unsicherheit, vor drohender Gefahr, ist aber auch abwehrbereit.	≅	Auch der Mensch duckt sich bei Angst, um sich möglichst klein zu machen, hält vielleicht noch schützend die Hände über den Kopf.
Die Katze zuckt bei Schreck zusammen und flieht vor etwas Beängstigendem oder aus einer unangenehmen Situation.	≅	Der Mensch zuckt ebenfalls bei Schreck zusammen und flüchtet aus denselben Gründen.

Ähnliches und identisches Verhalten

Verhalten der Katze		Verhalten des Menschen
Die Katze friert aus Angst oder bei Bedrohung in der Bewegung ein.	≅	Aus denselben Gründen erstarrt auch der Mensch und bewegt sich nicht mehr.
Bei Kälte, extremer Angst, Schmerzen zittert die Katze.	≅	Aus denselben Gründen zittert auch der Mensch.
Abwehrverhalten: Die Katze macht einen Katzenbuckel, Ohren und Schnurrhaare sind seitlich flach angelegt, runde Pupillen; sie kann fauchen, spucken, kreischen.	≅	Der Mensch nimmt eine abwehrende Haltung ein, reißt die Augen auf, schreit oder aber fleht sein Gegenüber an.
Angstbedingte Aggression tritt auf, wenn die Katze sich in die Enge gedrängt fühlt und nicht fliehen kann. Dann greift sie an, um sich zu wehren.	≅	Auch für manche ängstlichen Menschen gilt, dass Angriff die beste Verteidigung ist.

Ähnliches und identisches Verhalten

Verhalten der Katze		Verhalten des Menschen
Umgeleitete Aggression entsteht, wenn die Katze z. B. aus dem Fenster auf eine fremde Katze im Garten starrt, unter enormer Anspannung steht, ganz darauf fixiert ist, jetzt vom Menschen angefasst wird und beißt.	≅	Der Mensch regt sich gerade fürchterlich über etwas auf und steigert sich regelrecht hinein, da fasst ihn jemand am Arm oder der Schulter an zur Beruhigung, und er schlägt heftig die Hand weg oder sogar zu.
Um schmerzbedingte Aggression handelt es sich, wenn eine aggressive Reaktion erfolgt, weil eine Berührung schmerzt oder schon bei der Befürchtung einer Berührung.	≅	Auch der Mensch kann als Abwehrreaktion schmerzbedingte Aggressionen zeigen.
Spielaggression, wenn die Katze beim Spielen kratzt oder beißt, weil der Jagdtrieb durchkommt.	≅	Auch der Mensch wird manchmal beim Spielen ruppig und zu grob, und es kann aus Spaß Ernst werden.

Ähnliches und identisches Verhalten

Verhalten der Katze		Verhalten des Menschen
Streichelaggression, wenn die Katze beim Streicheln kratzt oder beißt, weil es ihr reicht oder unangenehm wird.	≅	Auch der Mensch schlägt die Hand weg, die ihn berührt oder schiebt den anderen von sich, weil es ihm reicht oder unangenehm ist.
Drohung: Die Katze hebt drohend die Pfote an oder hoch.	≅	Der Mensch droht mit erhobener Hand.
Jagen: Was sich entziehen will, reizt die Katze zum Verfolgen und Fangen.	≅	Auch den Menschen reizt, was er nicht haben kann.
Spielen: Bei der Katze unterscheidet man objektbezogene (mit Bällchen, Spielmäusen) und soziale Spiele (raufen, fangen).	≅	Auch beim Menschen gibt es objektbezogene (mit Ball, Spielzeug) und soziale Spiele (toben, raufen, fangen).
Imponieren: Die Katze richtet sich auf, streckt die Beine, erhebt den Kopf, aufrechter Gang, will sich größer machen.	≅	Der Mensch zeigt diese Körperhaltungen ebenfalls, um Souveränität oder auch Angriffsbereitschaft zu demonstrieren.

Ähnliches und identisches Verhalten

Verhalten der Katze		Verhalten des Menschen
Drohen: Die Katze macht sich größer, sträubt das Fell und den Schwanz wie eine Flaschenbürste, zieht die Lippen zurück, um die Zähne freizulegen, fixiert mit dem Blick, knurrt.	≅	Der Mensch wirft sich ebenfalls in Positur, lässt die Muskeln spielen, starrt den anderen an, droht verbal.
Die Katze führt eher einen Kommentkampf, d. h. Auseinandersetzungen laufen in der Regel gewaltfrei ab, es wird nur mit Körpersprache und verbal gedroht.	≅	Der Mensch droht ebenfalls eher mit Körpersprache und verbal, kämpft seltener tatsächlich.
Angriff oder Verteidigung: Die Katze kratzt, beißt, tritt mit den Hinterpfoten.	≅	Der Mensch schlägt zu, kann auch treten, kratzen und beißen.
Kampf: Die Katze schlägt mit den Vorder- und Hinterpfoten.	≅	Der Mensch schlägt mit Händen/Fäusten und tritt mit den Beinen.

Ähnliches und identisches Verhalten

Verhalten der Katze		Verhalten des Menschen
Bei Auseinandersetzungen mit Artgenossen reißen Katzen sich gegenseitig Fell aus und beißen.	≅	Menschen können sich auch Haare ausreißen, den anderen beißen, aber meistens schlagen sie sich eher.
Bei Katerkämpfen geht es um Macht, Status, paarungsbereite Kätzinnen, Reviergrenzen, Ressourcen.	≅	Bei Männern gibt es oftmals aus ähnlichen Gründen Streit untereinander.
Mangelnde Sozialisation: Die Katze hat nicht gelernt, mit ihresgleichen sozial umzugehen, ist unsicher, ängstlich oder aber sehr aggressiv.	≅	Ein Mensch mit mangelnder Sozialisation verhält sich ebenso, denn er hat keine entsprechenden Umgangsformen gelernt.
Kurzes Lecken mit der Zunge über die Lippen: Die Katze ist gleichzeitig von etwas fasziniert und beunruhigt.	≅	Der Mensch befeuchtet auch aufgeregt seine Lippen oder kratzt sich am Kopf, wenn er etwas Verblüffendes oder Irritierendes sieht.

Ähnliches und identisches Verhalten

Verhalten der Katze		Verhalten des Menschen
Die Katze leckt die Nase des Menschen, wenn er sich mit dem Gesicht nähert: Soziale Fellpflege wie unter Artgenossen, aber auch Zuneigungsbeweis.	≅	Beim Menschen entspricht dies einem zärtlichen Nasenstüber oder Kuss.
Routine: Die Katze ist ein Gewohnheitstier und braucht Regelmäßigkeit und Gewohnheiten.	≅	Auch viele Menschen fühlen sich mit Routine sicherer oder betreiben sie aus Bequemlichkeit oder Gewohnheit.
Lebensfreude: Die Katze springt, rennt, wälzt sich auf dem Boden.	≅	Der Mensch lacht, bewegt sich aktiv.

Ähnliches und identisches Verhalten

Verhalten der Katze		Verhalten des Menschen
Miauen wird von der Katze als Mitteilungslaut, Erregungslaut, Ruflaut, Jagdlaut, Revier- und Abwehrlaut sowie klagend, bettelnd, ängstlich oder fordernd eingesetzt.	≅	Auch die menschliche Lautsprache kennt eine riesige Bandbreite unterschiedlicher Ausdrucksformen.
Die Katze miaut, um auf sich aufmerksam zu machen.	≅	Der Mensch spricht, um Aufmerksamkeit zu erregen.
Die Katze gibt gurrende, maunzende Laute von sich.	≅	Beim Menschen entspricht dies dem Begrüßen, Plaudern, Reden aus Langeweile, Frust oder einer Aufforderung.

Missverständliches Verhalten

Katze → ← Mensch

Missverständliches Verhalten

Verhalten der Katze	Das meint die Katze	Das versteht der Mensch
Die Katze blinzelt.	»Ich bin friedlich und will keinen Ärger. Ich mag dich.«	Der Mensch hält dies für einen verschlagenen oder provozierenden Blick, denn sich verengende Augen beim Menschen deuten eher auf Verärgerung und Misstrauen hin.
Die Katze lauert dem Menschen auf und jagt seine Beine/Füße.	»Yippieh, endlich bewegt sich mal was, und ich kann meine Jagdfähigkeiten trainieren. Es war so langweilig, als mein Mensch nicht da war.«	»Aua! Hilfe! Meine Katze ist eine aggressive Kampfkatze und greift mich an.«

Jagdtrieb

Eine Katze jagt Füße oder beißt in Zehen, da diese für sie einfach nur sich bewegende Beuteobjekte darstellen, wenn sie nicht genügend ausgelastet ist.

Missverständliches Verhalten

Verhalten der Katze	Das meint die Katze	Das versteht der Mensch
Wilde fünf Minuten, in denen die Katze durch die Wohnung rennt und springt.	»Ich brauche endlich Action. Ich muss meine Fähigkeiten trainieren. Aus dem Weg! Ich jage!«	»Hilfe, meine Katze ist paranoid.«
Die Katze scheint imaginären Fliegen nachzujagen und sie zu fangen.	»Wenn ich schon nichts Reales zu jagen habe, dann tue ich einfach so als ob, um im Training zu bleiben.«	»Meine Katze spinnt. Sie ist womöglich krank.«
Die Katze zerstört etwas.	»Mir war sooo langweilig, und da habe ich mir einfach eine Beschäftigung gesucht.«	»So eine böse Katze. Sie will mich nur ärgern.«

Missverständliches Verhalten

Verhalten der Katze	Das meint die Katze	Das versteht der Mensch
Die Katze schläft viel. →	»Mir ist so langweilig, denn ich habe hier keinerlei Abwechslung.« oder »Ich ziehe mich von allem zurück, um endlich von der(n) anderen Katze(n)/dem Menschen in Ruhe gelassen zu werden. Ich suche bewusst einen Kontaktabbruch zur Außenwelt.« ←	»Meine Katze ist einfach faul und hat keine Lust, sich zu bewegen.«
Die Katze frisst viel und oft. →	»Mir ist langweilig, ich bin frustriert.« ←	»Meine Katze ist völlig verfressen.«
Die Katze verweigert ihr Futter. →	»Ich fühle mich körperlich oder seelisch nicht wohl.« ←	»Meine Katze ist mäkelig und verwöhnt.«

Missverständliches Verhalten

Futter

Wendet sich die Katze von angebotenem Futter ab, bedeutet das nicht unbedingt, dass sie es verschmäht. Beobachten Sie, ob die Katze sich ein Stück weiter demonstrativ hinsetzt, denn dann möchte sie aus einem nur ihr bekannten Grund lieber dort speisen.

Verhalten der Katze	Das meint die Katze	Das versteht der Mensch
Die Katze liegt auf dem Rücken mit dem Bauch nach oben.	»Ich entspanne mich gerade. Lass mich in Ruhe und fass mich nicht an, sonst kratze, beiße, trete ich mit den Hinterpfoten.«	»Damit meint sie doch ganz eindeutig: Bitte streichel mich hier.« Es kann aber auch ein großer Vertrauensbeweis und damit tatsächlich die Aufforderung zum Kuscheln sein. Immer darauf achten, ob die Katze bei Annäherung unruhig mit dem Schwanz schlägt, die Ohren anlegt oder ihr Blick eher Abwehr verrät.

Missverständliches Verhalten

Nächtliches Katzenkonzert

»Mir ist langweilig. Ich habe schon den ganzen Tag geschlafen, als du weg warst, kümmer dich um mich.«

Gibt der Mensch dieser Forderung nach Aufmerksamkeit auch nur einmal nach, wird die Katze es immer wieder machen, nur noch penetranter, weil sie meint, er habe sie einfach nicht gehört. Schließlich hatte sie ja mit diesem Verhalten bereits Erfolg. Besser ist es, die Katze tagsüber und abends gut zu beschäftigen und auszulasten, damit sie müde ist. Nächtliches Schreien kann aber auch auf Taubheit bei einer älteren Katze hinweisen, die Orientierung braucht. Auch beim Träumen können Katzen schreien.

Verhalten der Katze	Das meint die Katze	Das versteht der Mensch
An- und abschwellender Ton, ähnlich einer Sirene.	Das ist ein Drohgesang zwischen zwei Katern, bei dem es meist um eine rollige Kätzin geht, also eine Kampfansage gegenüber einem Rivalen.	Der Mensch hält es für den Liebesgesang eines potenten Katers gegenüber einer rolligen Kätzin.

Missverständliches Verhalten

Verhalten der Katze	Das meint die Katze	Das versteht der Mensch
Die Katze lauert einer anderen nach dem Toilettengang auf oder hindert sie an der Benutzung, blockiert den Zimmerausgang etc. →	Hierbei handelt es sich um Mobbing, denn es ist Fixieren, Auflauern und somit Bedrohen. ←	»Der Kater guckt doch nur, tut der Katze gar nichts.«
Die Katze faucht. →	Dabei kann es sich um Schreck, Angst, Verunsicherung, Wut handeln, die Katze fühlt sich unterlegen oder ist einfach unsicher; eine Abwehrhaltung. ←	Der Mensch hält diese Katze für aggressiv.
Die Katze uriniert außerhalb der Toilette. →	Sie hinterlässt einfach eine Nachricht in Form einer Duftbotschaft. ←	»Iieh, bääh!«

Missverständliches Verhalten

Igitt: Markieren

Ein auffälliges oder unerwünschtes Verhalten zeigt die Katze bei Stress, Angst, Depression, Frust, Langeweile, Eifersucht, Schmerzen, unzureichenden Haltungsbedingungen oder Veränderungen im Umfeld. Auch Unsauberkeit hat niemals etwas mit Protest oder Erpressung zu tun, sondern geschieht eher aus Angst, Unsicherheit, Stress, aufgrund einer unhygienischen oder falsch platzierten Katzentoilette, Veränderungen der Lebensumstände, Schmerzen, gesundheitlichen Ursachen wie Blasenentzündung, Inkontinenz oder Durchfall.

Das Markieren mit Urin im Stehen mit erhobenem, zitterndem Schwanz gegen markante, senkrechte Flächen oder Gegenstände gehört zur normalen Duftkommunikation einer Katze und geschieht innerhalb des Hauses meistens aus Unsicherheit. Sie hinterlässt damit eine Nachricht oder fühlt sich einfach wohler und sicherer, wenn ihr eigener Geruch an einer bestimmten Stelle platziert ist. Dieses Urinverspritzen im Stehen zeigen nicht nur potente Kater, sondern auch Kastraten und Kätzinnen.

Das stille Örtchen

Katzen meiden oft Katzentoiletten, die in der Nähe des Futternapfes oder an einem Ort mit ständigem Durchgangsverkehr platziert sind. Auch eine zu selten gesäuberte Katzentoilette wird häufig verschmäht. Das alles ist nur verständlich, denn der Mensch möchte ja auch nicht auf der Toilette essen, sein Geschäft ungestört und nicht in der Öffentlichkeit verrichten und nicht gerne ein dreckiges öffentliches Pissoir benutzen.

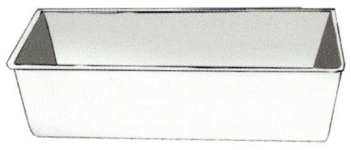

Missverständliches Verhalten

Verhalten der Katze	Das meint die Katze	Das versteht der Mensch
Die Katze uriniert oder kotet direkt neben die Toilette.	→ Die Toilette ist nicht sauber genug, es wurde andere Streu verwendet. ←	Der Mensch ärgert sich und findet es eklig.
Die Katze uriniert an mehreren Stellen außerhalb der Toilette.	→ Sie hat möglicherweise eine Blasenentzündung oder Inkontinenz, unwillkürliches Verlieren von Urin. ←	Der Mensch ärgert sich und findet es eklig.
Die Katze hinterlässt weichen Kot außerhalb der Toilette.	→ Sie hat möglicherweise Durchfall und es nicht mehr rechtzeitig auf die Toilette geschafft. ←	Der Mensch ärgert sich und findet es eklig.

Missverständliches Verhalten

Verhalten der Katze	Das meint die Katze	Das versteht der Mensch
Die Katze hinterlässt harten Kot außerhalb der Toilette.	→ Sie hatte möglicherweise eine Verstopfung, die sich erst nach dem Toilettengang löste. ←	Der Mensch ärgert sich und findet es eklig.
Die Katze scharrt ihre Exkremente nicht zu.	→ Sie hat es als Kitten nicht richtig gelernt oder trifft einfach nicht, sondern scharrt an der verkehrten Stelle. ←	»Sie zeigt damit ihre Dominanz.«
Die Katze uriniert an Menschen (-bein).	→ »Du gehörst mir.« oder »Du bist mir nicht ganz geheuer. Darum vermische ich meinen mit deinem Geruch zu unserem Gruppengeruch.« ←	»So eine Sauerei.«

Missverständliches Verhalten

Verhalten der Katze	Das meint die Katze	Das versteht der Mensch
Die Katze streckt dem Menschen ihr Hinterteil zur Analkontrolle hin.	→ Begrüßung, Zuneigungsbeweis der Katze. ←	Der Mensch ist empört, findet es eklig.

Guten Tag

Die Katze zeigt damit Vertrauen und bietet sich zur Geruchskontrolle an, was gleichbedeutend ist mit einem Aufbau bzw. einer Verstärkung der sozialen Bindung. Diese Geste kann vom Menschen einfach mit einem Streicheln am hinteren Rücken vor der Schwanzwurzel beantwortet werden.

Die Katze inspiziert interessiert die Einkaufstüte.	→ Sie muss Neues und Fremdes kontrollieren, will ihre Neugier stillen. ←	Der Mensch hält die Katze für verfressen und auf Futtersuche.

Missverständliches Verhalten

Verhalten der Katze	Das meint die Katze	Das versteht der Mensch
Nasenkontakt. →	Die Katze beschnuppert Nase an Nase als Vertrauens- und Zuneigungsbeweis sowie als Bestätigung der Bindung; bei erster Kontaktaufnahme zur Kontrolle, ob man sich (riechen) mag. ←	Der Mensch hält es für einen Nasenstüber.
Die Katze leckt die Nase des Menschen, wenn er sich mit dem Gesicht nähert. →	Das ist vergleichbar mit sozialer Fellpflege bei einem Artgenossen und ein Zuneigungsbeweis. ←	Der Mensch hält es für ein Küsschen.

Missverständliches Verhalten

Treteln

Treteln ist das rhythmische Treten mit den Vorderpfoten bei ausgefahrenen Krallen und ein Ausdruck besonderen Wohlbefindens. Es rührt von einer frühkindlichen Verhaltensweise her, dem so genannten Milchtritt, mit dem die Kitten die Milchproduktion der Mutterkatze anregen. Die Katze schmiegt sich voller Vertrauen an, aber der Mensch fährt plötzlich hoch oder schreit auf, was sie vollkommen verunsichert. Er sollte einfach eine schützende Decke zwischen die Krallen und seine Beine oder seinen Schoß legen.

Verhalten der Katze	Das meint die Katze	Das versteht der Mensch
Mit den Pfoten auf dem Schoß des Menschen gegen seinen Bauch treten, leichte Trampelbewegungen mit gespreizten Pfoten, wobei die Krallen abwechselnd ein- und ausgefahren werden.	→ Die Katze tretelt, fühlt sich wohl beim Menschen und kann seine negative Reaktion überhaupt nicht verstehen. ←	»Aua!«, empörtes Aufschreien oder Aufspringen.

Missverständliches Verhalten

Verhalten der Katze	Das meint die Katze	Das versteht der Mensch
Die Katze liegt mit ausgefahrenen Krallen auf den Beinen des Menschen oder auf dem Arm.	→ Sie ist einfach ängstlich und hält sich fest. ←	»Aua! So eine bösartige Katze.«

Angst

Unsichere Katzen bevorzugen in kritischen Situationen eine Position, die ihnen bei der geringsten Störung ermöglicht, sich mit einem Blitzstart in Sicherheit zu bringen, und die auch dabei hilft, nicht abzurutschen. Auch hier kann eine dicke Decke helfen und viel Geduld, um das Vertrauen der Katze zu gewinnen.

Missverständliches Verhalten

Verhalten der Katze	Das meint die Katze	Das versteht der Mensch
Kratzspuren auf dem (Leder-)Sofa. →	Die Katze hält sich nur mit den Krallen auf der glatten Oberfläche fest, um nicht abzurutschen und sich sicher darauf bewegen zu können.	← »So eine böse Katze, zerkratzt mir alles.«

Nuckeln

Manchmal kann man beobachten, dass die Katze am Pullover nuckelt, an Kabeln kaut o. ä. Das machen oft Katzen, die zu früh von der Mutter getrennt wurden und nicht lange genug säugen konnten. Auch das Pica-Syndrom kann dafür verantwortlich sein, das Fressen unverdaulicher Stoffe, was zum Darmverschluss führen kann.

Missverständliches Verhalten

Verhalten der Katze	Das meint die Katze	Das versteht der Mensch
Die Katze bringt eine (tote) Maus mit. →	Sie macht dem Menschen ein Geschenk als Zeichen der Verbundenheit. ←	»Iiieh, wie eklig.« *Die Katze besser loben und streicheln, und die Maus in einem unbeobachtetem Moment unauffällig entsorgen.*
Die Katze spielt mit ihrer Beute. →	Sie trainiert einfach ihre Jagdfähigkeiten. ←	»Wie grausam.«

Missverständliches Verhalten

Verhalten der Katze	Das meint die Katze	Das versteht der Mensch
Die Katze wackelt mit dem Popo hin und her. →	Sie bringt sich in die richtige Position für einen zielgerichteten Absprung z. B. auf ein Beutetier oder Spielzeug. ←	»Warum macht sie das?«
Die Katze rutscht mit dem Po über den Boden. →	Entweder sind ihre Analdrüsen verstopft oder sie hat Würmer, was zu Juckreiz führt. ←	»Warum macht sie das?«

Verhalten der Katze

Katzenverhalten = wörtlich übersetzt

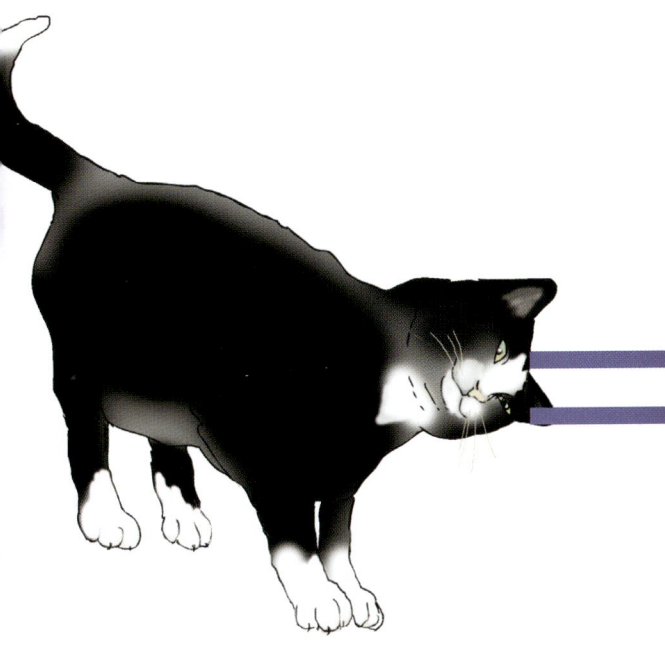

Katzenverhalten wörtlich übersetzt

Verhalten der Katze	Übersetzung
Die Katze schüttelt im Zusammenhang mit Futter eine Pfote. =	»Ich bin satt.« Oder: »Bah, das schmeckt mir nicht.« *Dieses Verhalten soll aus der Instinkthandlung kommen, das Futter (für später) zu vergraben.*
Die Katze sitzt vor der Tür und starrt darauf. =	»Lass mich raus.«
Die Katze kommt von draußen sofort wieder herein. =	»Die Inspektion meines Reviers habe ich für den Moment abgeschlossen. Das bedeutet aber nicht, dass ich bald nicht schon wieder raus will.«
Die Katze kratzt an Tür oder Schrank.	»Bitte mach die Tür auf. Ich möchte da hinaus/hinein.«

Katzenverhalten wörtlich übersetzt

Verhalten der Katze		Übersetzung
Die Katze schnattert (Geräusch, wenn sich bei nur wenig geöffnetem Mäulchen der untere Kiefer schnell auf und ab bewegt).	=	»Mist, dass ich nicht an dieses Insekt hinter der Scheibe heran komme. Ich würde es so gerne fangen.«
Die Katze faucht mit seitlich abgespreizten Ohren.	=	»Hau ab. Geh weg. Komm mir ja nicht zu nahe. Lass mich in Ruhe.«
Die Katze faucht mit seitlich flach angelegten Ohren, wobei die Ohrwurzel nach vorn gerichtet ist.		»Ich warne dich.«
Die Katze spuckt (Steigerung des Fauchens, indem die Katze Luft explosionsartig und geräuschvoll ausstößt; ein Warnlaut, um zu beeindrucken, zu bluffen, eine Drohung mit verstärkter Angriffsbereitschaft).	=	»Hau endlich ab. Sonst passiert was.« *Entspricht dem Keifen oder Anbrüllen bei Menschen.*

Katzenverhalten wörtlich übersetzt

Verhalten der Katze		Übersetzung
Die Katze knurrt bei geschlossenem Maul.	=	»Ich bin stinksauer. Lass mich jetzt endlich in Ruhe, sonst gibt es Prügel.« *Ausdruck von Unsicherheit, Angst oder auch verhaltener Wut, aber auch Warnung und Drohung, da sie sich in die Ecke getrieben fühlt. Sie ist bereit, zum Angriff überzugehen.*
Die Katze grollt.	=	»Es reicht mir jetzt endgültig. Treib es nicht auf die Spitze.« *Steigerung des Knurrens und höchste Stufe der Angriffsbereitschaft.*
Die Katze schreit kreischend.	=	»Hilfe! Du sollst endlich verschwinden!« *Die Katze ist in großer Bedrängnis, fühlt sich in die Ecke getrieben.*

Katzenverhalten wörtlich übersetzt

Schnurren

Das Schnurren lässt die Katze ertönen, wenn sie sich besonders wohl fühlt, aber auch wenn sie verletzt oder krank ist sowie als Beschwichtigungslaut, um Auseinandersetzungen zu vermeiden. Im Zusammenleben setzt die Katze es ein, um Artgenossen oder Menschen zu besänftigen. In Stresssituationen und sogar im Sterben nutzt sie es, um sich selbst zu beruhigen. Schnurren soll Schmerzen lindern, bei Knochenbrüchen zur besseren Heilung beitragen und sogar beim Menschen wirken. Beim Schnurren einer Katze sinkt der menschliche Blutdruck und Entspannung stellt sich ein.

Es gibt drei Theorien, wie das Schnurren erzeugt wird: Es soll sich um Turbulenzen im Blutkreislauf handeln oder die neben den Stimmbändern liegenden Taschenbänder werden in Schwingung versetzt oder aber es sind wechselseitige Kontraktionen von Kehlkopf und Zwerchfell.

Verhalten der Katze		Übersetzung
Die Katze schnurrt beim Fressen.	=	»Hhmm, wie lecker.«
Die Katze streicht dem Menschen (schnurrend) um die Beine.	=	»Bitte gib mir etwas Leckeres.« Oder: »Bitte beschäftige dich mit mir.«
Die Katze miaut fordernd im Zusammenhang mit Futter.	=	»Mach schneller. Beeil dich. Ich will es endlich haben.«

Katzenverhalten wörtlich übersetzt

Verhalten der Katze	Übersetzung
Klägliches oder forderndes Maunzen.	»Ich habe HUNGER!!!«
Die Katze stellt sich bei der Futterzubereitung auf die Hinterbeine.	»Ich kann nicht länger warten. Bitte gib mir was.«
Die Katze leckt Hand, Finger o. ä. des Menschen.	»Ich mag dich.« *Entspricht der sozialen Fellpflege und dient dem Stärken der freundschaftlichen Bindung.*
Die Katze springt beim Lesen auf den Schoß oder legt sich auf Unterlagen/Zeitung des Menschen.	»Haalloo. Ich bin viel interessanter als deine Lektüre.«
Die Katze legt sich auf den Schreibtisch oder die PC-Tastatur, während der Mensch arbeitet.	»Hey, mach mal Pause. Jetzt bin ich an der Reihe. Beschäftige dich lieber mit mir.«

Katzenverhalten wörtlich übersetzt

Verhalten der Katze		Übersetzung
Das Kitten tobt durch die Wohnung.	=	»Ich bin noch klein und liebe es, Gardinen hinaufzuklettern, etwas umzuwerfen, mache auch manchmal etwas kaputt. Ich klettere gerne an Hosenbeinen hoch oder auch an Seidenstrümpfen und springe nachts tobend durchs Bett. Das macht alles soo viel Spaß.«
Die Katze hält den Kopf hoch erhoben.	=	»Es ist alles okay. Ich bin in einer guten Stimmung.«
Die Katze streckt den Kopf nach vorne.	=	»Ich bin neugierig, will alles erkunden. Was ist das?«
Die Katze senkt den Kopf.	=	»Ich möchte beschwichtigen.« Oder: »Das interessiert mich überhaupt nicht.«
Die Katze dreht den Kopf weg.	=	»Lass mich in Ruhe.« Oder: »Ich will keinen Ärger mit dir.«

Katzenverhalten wörtlich übersetzt

Verhalten der Katze		Übersetzung
Die Katze zieht den Kopf zurück.	=	»Lass mich in Ruhe. Fass mich nicht an. Ich will das jetzt nicht.« *Sie weicht aus, um in Ruhe gelassen zu werden.*
Die Katze bewegt sich in Zeitlupe.	=	»Nur ja nicht auffallen und niemanden provozieren. Ich bin gar nicht da.«
Die Katze hebt die Pfote an oder hoch.	=	»Ich bin bereit, mich zu verteidigen.«
Die Katze steht mit gleichmäßig verteiltem Gewicht, eine Pfote angehoben.	=	»Ich bin unentschlossen.«
Sanftes Berühren mit der Pfote.	=	»Hallo, ich bin auch noch da.«
Die Katze wälzt und rollt sich auf dem Boden.	=	Dadurch drückt die Katze Wohlbefinden aus, prägt diese Stelle zudem mit ihrem Geruch und nimmt den dort vorhandenen auf.

Katzenverhalten wörtlich übersetzt

Verhalten der Katze		Übersetzung
Die Katze rollt sich bei Annäherung des Menschen auf den Rücken, schnurrt, streckt sich, zuckt sanft mit der Schwanzspitze.	=	Passive freundliche Begrüßung gegenüber engen Vertrauten, Artgenossen und Menschen.
Die Katze liegt in geschlossener Haltung.	=	»Ich will meine Ruhe haben.«
Die Katze sitzt aufrecht mit untergeschlagenen Pfoten, den Schwanz um die Vorderpfoten gelegt.	=	»Bitte nicht stören! Ich möchte jetzt einfach meine Ruhe haben.«
Die Katze schleicht langsam in geduckter Haltung dicht über dem Boden.	=	»Hier ist es mir nicht geheuer. Das ist unbekanntes/ungewohntes Terrain, da bin ich lieber vorsichtig.«

Katzenverhalten wörtlich übersetzt

Verhalten der Katze		Übersetzung
Die Katze reckt das Hinterteil höher als das Vorderteil.	=	»Ich will entweder imponieren oder aber bedrohen.«
Die Katze macht einen Katzenbuckel, hoch aufgerichtet stehend mit gesträubtem Fell, der Schwanz wird in die Höhe gerissen.	=	»Ich bin abwehrbereit und gehe gleich zum Angriff über.«
Die Katze macht einen Katzenbuckel, jedoch hinten leicht in Kauerhaltung und mit gesenktem Kopf.	=	»Ehrlich gesagt tendiere ich mehr zum Rückzug.«

Schwanzhaltungen

Die Katze lässt den Schwanz locker herunter hängen.	=	»Ich bin in einer ausgeglichenen Stimmung und entspannt.«
Die Katze reckt den Schwanz nach oben.	=	»Etwas erregt mein Interesse.«

Katzenverhalten wörtlich übersetzt

Verhalten der Katze		Übersetzung
Die Katze hält den Schwanz hoch erhoben, das Schwanzende ist evtl. etwas abgeknickt.	=	»Ich freue mich.« Oder: »Du darfst gerne eine Analkontrolle vornehmen.«
Die Katze hält den Schwanz im Bogen nach oben wie ein umgedrehtes »U«.	=	»Ich bin in Spiellaune. Ich will jetzt spielen.«
Die Katze zuckt mit der Schwanzspitze oder bewegt den Schwanz ruckartig von einer Seite zur anderen.	=	»Ich weiß nicht genau, was ich machen soll. Ich kann mich nicht recht entscheiden.« *Die Katze ist hin- und hergerissen zwischen zwei Impulsen, hat einen inneren Konflikt.*
Die Katze schlägt mit dem Schwanz schnell hin und her (positive oder negative Erregung).	=	»Ich bin aufgeregt.«
Der Schwanz peitscht hin und her zusammen mit angelegten Ohren und versteiftem Körper.	=	»Ich bin sehr verärgert, aufgeregt und aggressiv, ein Angriff kann folgen.«

Katzenverhalten wörtlich übersetzt

Verhalten der Katze		Übersetzung
Der Schwanz ist steif, gesträubt, angehoben.	=	»Ich will imponieren und mache mich größer. Ich bin verängstigt oder aber richtig wütend.«
Plötzliches Hochschnellen des Schwanzes (unter Umständen erfolgt ein Angriff im selben Moment).	=	»Attacke!«
Der Schwanz ist nur an der Wurzel hochgezogen mit erregt zuckender Spitze (Drohstellung).	=	»Ich warne dich.«
Der Schwanz ist waagerecht und gesträubt.	=	»Ich bin furchtlos und angriffslustig.«

Katzenverhalten wörtlich übersetzt

Verhalten der Katze		Übersetzung
Der gesträubte Schwanz ist nur am Ansatz waagerecht, der übrige Teil weist nach unten wie ein Haken.	=	»Ich habe ein bisschen Bammel.«
Der Schwanz ist nach unten gesenkt, bis hin zum Einklemmen zwischen den Hinterbeinen, gesträubtes Fell.	=	»Ich fürchte mich und habe Angst.«
Die Katze hält den Schwanz in einem Bogen über dem Körper, gesträubtes Fell.	=	»Langsam werde ich echt stinkig.«

Katzenverhalten wörtlich übersetzt

Verhalten der Katze		Übersetzung
Schnurrhaarstellungen		
Die Schnurrhaare sind entspannt und liegen nahe am Kiefer.	=	»Es ist alles okay.«
Die Katze reckt den Schwanz nach oben.	=	»Etwas erregt mein Interesse.«
Die Schnurrhaare sind stark nach vorne gespreizt.	=	»Ich bin auf der Jagd oder auf einer Erkundungstour.« Oder: »Es ist dunkel, und so kann ich mich besser orientieren.«
Die Schnurrhaare sind schmal zusammen und eng angelegt.	=	»Ich habe den Wunsch nach Rückzug aus Scheu, Angst oder Misstrauen.«
Die Schnurrhaare sind eng nach hinten angelegt.	=	»Lass mich in Ruhe. Ich habe Angst und bin in Abwehrstellung.«
Die Schnurrhaare sind aufgefächert und weit vorgestreckt.	=	»Achtung, gleich greife ich an.«

Katzenverhalten wörtlich übersetzt

Verhalten der Katze		Übersetzung

Ohrenhaltungen

Die Ohren sind aufgerichtet, aber eher ein wenig nach hinten geneigt mit den Öffnungen entweder nach vorne oder etwas seitlich.	=	»Ich bin zufrieden und entspannt.«
Die Ohren sind aufmerksam gespitzt, indem die Ohrmuscheln ganz aufgerichtet sind, so dass die Stirnmuskulatur leicht nach innen gezogen ist, ähnlich menschlichem Stirnrunzeln bei starker Konzentration.	=	»Ich bin gerade ganz aufmerksam. Mir entgeht nichts.«
Ein Ohr ist aufgestellt, eines angelegt.	=	»Ich bin unsicher oder aber unentschlossen.«
Die Ohrmuscheln sind leicht nach außen gedreht.	=	»Ich bin angespannt. Etwas erregt meinen Unmut.«

Katzenverhalten wörtlich übersetzt

Verhalten der Katze		Übersetzung
Die Ohren sind flach zur Seite gelegt.	=	»Ich fühle mich äußerst unwohl, habe eventuell Angst, bin aber auch abwehrbereit.«
Die Ohren sind leicht nach hinten gelegt und die Ohrmuscheln stark seitlich gedreht.	=	»Ich bin trotz Angst zur Abwehr bereit.«
Nervöses Ohrzucken.	=	»Ich bin aufgeregt und leide unter einem inneren Konflikt.«
Die Ohren sind nach vorne gedreht, die Rückseite ist sichtbar.	=	»Ich bin zum Kampf bereit.« *Bei Frustration oder Furcht.*
Die Ohren liegen flach am Kopf an.	=	»Ich bin ängstlich oder aber genervt. Lass mich in Ruhe.«
Die Ohren sind so weit zurückgedreht, dass die Hinterseite zu sehen ist.	=	»Jetzt reicht es mir, und ich wehre mich.« *Wütende Beißdrohung.*

Katzenverhalten wörtlich übersetzt

Achtung, Missverständnis!

Ein Missverständnis tritt zwischen Katze und Mensch besonders häufig auf. Es betrifft die Reaktion einer Katze auf Schreck oder Schmerz. Eine Katze läuft nach einem solchen Ereignis weg und zieht sich zurück, um sich in Sicherheit zu bringen. Der Mensch hat meistens den Impuls, ihr zu folgen, um sie zu trösten. Das kann von ihr leicht als Verfolgung oder Bedrängen aufgefasst werden, da Katzen sich so nicht verhalten. So wird sie noch mehr unter Stress gesetzt. Besser ist es, die Katze einfach in Ruhe zu lassen und sie durch Trösten nicht zusätzlich zu verunsichern. Nach einer gewissen Zeit wird sie den Schreck überwunden haben und wieder herauskommen. Das kann je nach Katze und Situation unterschiedlich lange dauern. Haben Sie Geduld!

Verhalten der Katze

Verhalten beim Streicheln und Spielen

Katzenverhalten wörtlich übersetzt

Kratzen

Das Kratzen der Katze mit den Krallen dient der Körperpflege, um die alten Krallenhüllen abzustreifen. Es geht also einerseits um die Instandhaltung ihrer Waffen, sprich scharfer Krallen, andererseits um das Trainieren und Kräftigen des Einzieh- und Ausstreck-Mechanismus der Krallen. Auch nach dem Aufwachen beim Strecken und an strategisch wichtigen Stellen wie in der Nähe von Futter-, Wasser-, Schlafplatz, an Durchgängen oder an der Haustür wird ebenfalls eifrig gekratzt. Darüber hinaus wird das Kratzen auch für Reviermarkierungen eingesetzt mit sichtbaren Kratzspuren sowie Duftspuren durch das Markieren mit den Pfotenballen, an denen sich Duftdrüsen befinden. Ein weiterer Aspekt ist, dass Kratzen als Übersprungshandlung der Stressreduktion dient, um aufgestaute Aggressionen oder Frust abzubauen, aber ebenso Imponierverhalten darstellt.

Der Kratzbaum muss unbedingt ausreichend groß, stabil und abwechslungsreich genug sein, damit die Katze ihn gut zum Kratzen und Klettern nutzen kann. Er muss darüber hinaus richtig positioniert sein und nicht irgendwo in einer dunklen, unattraktiven Ecke stehen. Es sollten möglichst noch zusätzliche Kratzgelegenheiten angeboten werden, vor allem an bevorzugten Stellen. Dazu zählen beispielsweise Kratzbretter an der Wand, an der die Tapete bereits in Mitleidenschaft gezogen wurde, und Kratzmatten auf dem Teppichbereich, der auch schon herhalten musste.

Katzenverhalten wörtlich übersetzt

Verhalten der Katze		Übersetzung
Ausgiebiges und demonstratives Kratzen.	=	»Ich habe hier das Sagen.«
Kratzen in stressbeladenen oder Konfliktsituationen.	=	»Ich fühle mich gerade irgendwie beobachtet und weiß nicht, was ich machen soll.«
Kratzen, um nach einer Niederlage Druck abzubauen.	=	»Ha, trotzdem lasse ich mich nicht unterkriegen.«
Die Katze kratzt mit den Krallen an der Tapete oder an Möbeln.	=	Entspricht dem Sprühen eines Graffitis an die Wand bei Menschen.
Die Katze setzt gleichzeitig eine geruchliche Botschaft beim Kratzen durch den hinterlassenen Eigengeruch ihrer Pfotenballen.	=	Entspricht einem Graffiti mit Signatur beim Menschen.
Die Katze hinterlässt Kratzmarkierungen in der Wohnung.	=	»Wenn ich nicht genügend andere interessante Kratzmöglichkeiten habe, suche ich mir selbst welche.«

Katzenverhalten wörtlich übersetzt

Hoch hinaus

Wenn Ihre Katze den Kratzbaum nicht benutzt, sollten Sie nicht auf die Idee kommen, die Katzenpfote zu nehmen und damit am Kratzbaum zu kratzen. Das empfindet die Katze als sehr unangenehm und es wird ihr den Kratzbaum erst recht verleiden. Wenn Sie stattdessen mit den eigenen Fingernägeln verführerisch daran kratzen, werden Sie die Neugier der Katze wecken und sie so zum Kratzen anregen. Auch mit Catnip, Leckerchen, Spielzeug kann man den Kratzbaum zusätzlich attraktiv machen. Ganz wichtig ist es auch, den Kratzbaum nicht in eine dunkle und uninteressante Ecke zu stellen, sondern ihn so zu platzieren, dass die Katze viele Eindrücke sammeln kann. Das kann z. B. im Wohnzimmer sein, wo sich das Leben abspielt, oder vor einem Fenster, so dass sie das Geschehen draußen mitverfolgen kann.

Katzenverhalten wörtlich übersetzt

Köpfchenreiben

Eine Katze reibt mit ihrem Kopf, also dem Gesicht, Kinn oder den Wangen an etwas entlang und markiert es dabei mit ihrem Geruch. Dies stellt eine Botschaft für andere Katzen oder ihren Menschen dar. Sie verwendet es aber auch, um bestimmten Dingen ihren eigenen vertrauten Geruch zu geben, um sich damit wohler und sicherer zu fühlen, beispielsweise wenn etwas Neues oder Fremdes aufgetaucht ist. Es kann ebenso sein, dass sie damit einen Gegenstand oder einen Menschen als zu ihr gehörig markiert.
Für unsere Nasen ist der Geruch nicht wahrnehmbar, wir sehen höchstens beispielsweise an Türzargen dunkelbraune Spuren des hinterlassenen Sekrets. Solche an Stellen und auch an Menschen hinterlassenen Duftmarken müssen regelmäßig erneuert werden, da der Geruch regelmäßig erneuert werden muss.

Das so genannte Köpfchengeben ist auch eine soziale Begrüßung unter Katzen. Dem Menschen gegenüber ist es ebenso ein Zeichen von Vertrautheit und Verbundenheit.
Streicht die Katze am Menschenbein entlang, nimmt sie damit nicht nur freundlich Körperkontakt auf, sondern markiert ihn auch mit ihrem Geruch. Meist presst sie dabei den Kopf oberhalb der Stirn oder seitlich an und reibt ihre Flanken der Länge nach daran, während sie eventuell noch den Schwanz um Beine schlingt. Der regelmäßige Austausch der körperlichen Gerüche unter den Mitgliedern der »Familie« ist für Katzen wichtig, um einen gemeinsamen Gruppengeruch herzustellen.

Katzenverhalten wörtlich übersetzt

Das Köpfchenreiben am Menschen(bein) bedeutet also so viel wie: »Ich mag dich. Du gehörst (zu) mir.« oder auch bettelnd »Bitte, gib mir etwas Leckeres.« Unter Katzen ist das Köpfchengeben, also mit den Köpfen aneinanderreiben, eine soziale Begrüßung. Manche Katzen erheben sich bei der Begrüßung ihres Menschen daher sogar auf die Hinterbeine. Dies ist ein Impuls, um das sonst übliche gegenseitige Köpfchenreiben auch bei ihm zur Begrüßung ausführen zu können, was aufgrund der unterschiedlichen Größenverhältnisse nicht möglich ist. Andere Katzen schmiegen ihren Kopf in die hohle Menschenhand, um diesen Effekt nachzuahmen.

Streicheln

Das Streicheln eines Menschen erinnert die Katze an die Zunge der Mutterkatze, die ihr Fell leckte, als sie noch klein war. Dabei kommen dieselben angenehmen Gefühle hoch. Die meisten Katzen mögen Streicheleinheiten am Kopf und am Rücken oder entlang der Körperseite. Auch am Schwanzansatz mögen es viele Katzen sehr und recken dabei den Schwanz nach oben, andere lehnen diese Vertraulichkeit jedoch als Unverschämtheit ab. Zu schnelles Streicheln oder Knuddeln kann die Katze »wild machen« oder aber Abwehrverhalten wecken. Langsame und bewusste Streichelbewegungen wirken beruhigend. Manche Katzen schlafen sogar, während die Hand ihres Menschen auf ihnen ruht oder sich seine Finger nur manchmal ganz leicht bewegen.

Eine scheue Katze besser nicht mit der Handfläche streicheln, sondern mit dem Handrücken, da dies weniger bedrohlich für sie wirkt. Ist die Handfläche nach unten gerichtet, kann sie jederzeit zupacken, die Katze festhalten und ihr womöglich wehtun. Ein Streicheln mit dem Handrücken wirkt dagegen passiver und ungefährlicher.

Katzen putzen sich nach dem Streicheln einerseits, um ihren Eigengeruch wieder herzustellen, andererseits, um den Geruch des Menschen aufzunehmen, ihn praktisch zu schmecken. Menschen finden es oft schade, dass sich die Katze ihren Geruch scheinbar »abwäscht«. Man kann es aber so oder so sehen.

Katzenverhalten wörtlich übersetzt

Verhalten der Katze	Übersetzung
Die Katze wirft sich der Länge nach vor die Füße des Menschen. =	»Bitte streichel mich!«
Die Katze richtet beim Streicheln den Körper auf und drückt sich gegen die Hand des Menschen. =	»Bitte mehr davon.«
Die Katze drückt den Rücken beim Streicheln nach unten durch. =	»Bitte nicht. Ich will das nicht.«
Die Katze kratzt beim Streicheln. =	»Du hast die ganze Zeit auf meine Körpersprache nicht reagiert, da musste ich deutlicher werden.«

Streicheleinheiten

Beim Streicheln unbedingt auf die Körpersprache der Katze achten, um eine Warnung vor einem gleich erfolgenden Angriff nicht zu verpassen. Gerade, wenn der Mensch sich nicht auf das Streicheln konzentriert, kann es mechanisch auf einer Stelle, in einem falschen Tempo, zu lange oder einfach unangenehm sein. Die Katze zeigt dies zunächst mit einer angespannten Körperhaltung, eventuell angelegten Ohren oder einem schlagenden Schwanz an. Werden diese Zeichen ignoriert, setzt sie zum Nachdruck ihre Krallen oder Zähne ein. Streichelt der Mensch einfach eine fremde Katze, kann eine unsichere aus Angst kratzen, eine selbstsichere vor Empörung.

Katzenverhalten wörtlich übersetzt

Spielen

Katzen müssen spielen, um Reflexe, Balance, Schnelligkeit, Beweglichkeit, Muskeln und Sinne zu trainieren und ihren aufgestauten Jagdtrieb abzureagieren. Das gilt vor allem für Wohnungskatzen, bei denen der Mensch als Sozialpartner die fehlenden Jagdaktivitäten ersetzen muss, denn wenn »Beute« sich nicht bewegt, ist sie tot und somit uninteressant. Darum muss der Mensch interaktiv mit der Katze spielen, indem er die Spielobjekte zum Leben erweckt. Er kann sie zum Beispiel langsam, zügig oder im Zickzack von der Katze wegbewegen oder auch ein Band oder eine Schnur hinter sich herziehen. Auch eine Katzenangel, also einen Stab, an dem an einer Schnur ein Beuteersatz hängt, nehmen viele Katzen gerne an, weil sie danach wie nach einem Vogel oder Schmetterling angeln können. Wenn der Mensch eine Spielmaus oder ein Bällchen weit weg wirft, kann die Katze richtig hinterherflitzen.

Spannend wird es für die Samtpfote, wenn der Mensch etwas (z. B. einen Stab) unsichtbar unter einer Decke bewegt, so dass die Katze nur Bewegungen erkennen kann. Auch kratzende oder raschelnde Geräusche erregen das Interesse der Katze.

Das Spiel mit einem Laserpointer hingegen, bei dem die Katze den Lichtpunkt fangen soll, wirkt auf Dauer frustrierend, da sie nie ein wirkliches Erfolgserlebnis hat. Deshalb sollte damit immer nur kurz gespielt und auch darauf geachtet werden, der Katze nie ins Auge zu leuchten.

Katzenverhalten wörtlich übersetzt

Verhalten der Katze		Übersetzung
Die Katze legt sich vor dem Menschen auf dem Boden auf die Seite.	=	»Bitte spiel mit mir.«
Die Katze beobachtet die Spielbemühungen des Menschen »nur«. Der Mensch denkt, die Katze hätte keine Lust zum Spielen.	=	»Ich bin ein Lauerjäger, beobachte erst jede kleine Bewegung und lausche auf jedes Geräusch, bis irgendwann der Impuls zum Zugriff ausgelöst wird und ich mich voller Begeisterung darauf stürze.«
Der Mensch gibt der Katze Spielzeug, damit sie sich selbst damit beschäftigen soll, was sie aber nicht tut.	=	»Was soll das? Beute, die sich nicht bewegt, ist tot und somit uninteressant.«

Katzenverhalten wörtlich übersetzt

Verhalten der Katze		Übersetzung
Der Mensch hat extra teures Spielzeug gekauft, aber die Katze interessiert sich nicht dafür.	=	»Was soll ich denn damit? Du hast aber einen komischen Geschmack. Bring lieber Eicheln, eine Feder oder etwas anderes Interessantes von draußen mit nach Hause.«
Der Mensch bewegt Spielzeug schnell und direkt auf die Katze zu.	=	Eine unsichere Katze reagiert ängstlich, eine selbstsichere genervt, denn so verhält sich echte Beute nicht, die läuft weg.
Der Mensch fuchtelt mit einem Spielzeug vor der Katzennase herum.	=	»Wie unangenehm. Da fühle ich mich belästigt und bedrängt. Nein danke.« oder: »Huch, das ist doch nicht normal. So verhält Beute sich nicht. Da stimmt etwas nicht. Ich haue lieber ab.«

Katzenverhalten wörtlich übersetzt

Verhalten der Katze		Übersetzung
Die Katze kratzt beim Spielen.	=	»Tut mir leid, aber du hast nicht richtig aufgepasst, und ich war einfach schneller als du.«
Der Mensch zieht beim Kratzen die Hand weg.	=	Die Katze greift mit den Krallen nach oder hält sie mit den Zähnen fest: »Du hast dich gerade genau so verführerisch verhalten wie Beute, da konnte ich nicht anders.«

Scharfe Krallen

Wenn der Mensch direkt mit seiner Hand mit der Katze spielt, wird diese als Beuteersatz angesehen. Da Katzen meistens blitzschnell sind und ihre scharfen Krallen wie kleine Skalpelle unsere Haut, die nicht durch Fell geschützt ist, aufschlitzen, ist dies äußerst schmerzhaft. Daher immer mit einem Spielgegenstand wie einer Plüschmaus, einer Katzenangel o. ä. und eben nicht direkt mit den Händen spielen. Durch den Schmerz reagieren viele Menschen zudem aggressiv. Besser mit einem jammernden Aua-Laut reagieren, damit die Katze das Leiden erkennt, aber sich nicht mit Gegenaggression konfrontiert sieht. Es ist auch wichtig, nicht wie Beute zu reagieren und die Hand wegzuziehen, denn das verleitet die Katze zum Festhalten und Nachsetzen. Richtig ist, die Hand still zu halten oder auf die Katze zuzuschieben. Da echte Beute sich so nicht verhält, löst die Katze irritiert ihren Biss.

Unterschiedliches Verhalten

Mensch ≠ Katze

Unterschiedliches Verhalten

Verhalten des Menschen		Verhalten der Katze
Der Mensch besetzt einen Liegestuhl mit einem Handtuch, um sein Revier zu markieren.	≠	Die Katze/der Kater markiert einen Gegenstand oder das Revier durch das Setzen einer Duftmarke mit Urin, also mit ihrem eigenen Geruch.
Der Mensch grenzt sein Revier mit einer Haustüre und einem Gartenzaun ab.	≠	Die Katze setzt Duftmarken mit Urin oder hinterlässt sogar an bedeutenden Stellen sichtbar Kot.
Der Mensch hinterlässt eine Visitenkarte oder eine Nachricht über die individuelle Identität und seelische Verfassung.	≠	Die Katze hinterlässt eine Duftbotschaft mit Urin oder Kot.
Der Mensch liest die Zeitung oder einen Brief.	≠	Die Katze liest die Duftmarken anderer Katzen.
Der Mensch macht etwas, um einen anderen zu ärgern oder aus Rache.	≠	Die Katze kennt diese Gründe nicht, sondern verhält sich nur auffällig, um auf etwas aufmerksam zu machen.

Unterschiedliches Verhalten

Verhalten des Menschen		Verhalten der Katze
Der Mensch will seine Grenzen austesten, sehen, wie weit er gehen kann, provoziert.	≠	Die Katze kennt diese Beweggründe nicht.

Gibt's Probleme?

Katzen können nur mit einem auffälligen, aus Menschensicht unerwünschten Verhalten ausdrücken, wenn sie mit etwas ein Problem haben. Sie handeln dann aus einem inneren Druck oder Unwohlsein heraus, um sich mit der für sie unangenehmen Situation besser arrangieren zu können und werden beispielsweise unsauber, hinterlassen aus Katzensicht einfach nur eine entsprechende Botschaft. Dabei handelt es sich nicht um einen »Denkzettel«, sondern um einen Hilferuf an den Menschen.

Verhalten des Menschen		Verhalten der Katze
Der Mensch nimmt nur sehr starke Gerüche wahr, wie etwa den von Kot, kann jedoch nicht einmal den Eigengeruch einer Katze wahrnehmen.	≠	Die Katze registriert genau den Duftcocktail des Menschen aufgrund seiner Ausdünstungen wie Körpergeruch, Atem, Schweiß. Auch an Kleidung, Schuhen, Tasche, Auto nimmt sie den Geruch von fremden Menschen, Tieren oder Orten wahr.

Unterschiedliches Verhalten

Verhalten des Menschen		Verhalten der Katze
Der Mensch wäscht sich mit den Händen, um sich zu reinigen.	≠	Die Katze putzt sich mit der Zunge, leckt, kratzt, beknabbert ihr Fell, um sich zu säubern.
Der Mensch benutzt einen Waschlappen für bestimmte Körperstellen.	≠	Die Katze leckt ihre Pfote nass und benutzt diese dann für das Säubern von Gesicht und Ohren.
Der Mensch putzt sich die Zähne mit der Zahnbürste.	≠	Die Katze kann leider ihre Zähne nicht reinigen, was häufig zu Zahnstein und Zahnfleischentzündungen führt.
Der Mensch kämmt verknotete Haare mit einem Kamm aus.	≠	Die Katze knabbert mit den Zähnen kleine Knoten im Fell auf.
Der Mensch betreibt Maniküre durch Schneiden und Feilen der Fingernägel.	≠	Die Katze kratzt mit den Vorderpfoten am Kratzbaum oder Kratzbrett, um alte Krallenhüllen abzustreifen.

Unterschiedliches Verhalten

Verhalten des Menschen		Verhalten der Katze
Der Mensch betreibt Pediküre durch Schneiden und Feilen der Fußnägel.	≠	Die Katze beißt an den Hinterpfoten mit den Zähnen die alten Krallenhüllen ab.
Der Mensch geht auf den Fußsohlen, meistens mit Schuhen.	≠	Die Katze ist ein Zehengänger.
Der Mensch schwitzt, indem Schweiß aus seinen Körperporen dringt, um durch Verdunstung die Haut zu kühlen.	≠	Die Katze kann nicht schwitzen, nur ein wenig über die Pfotenballen, ansonsten dient ihr vermehrtes Putzen des Fells durch den verdunstenden Speichel zur Kühlung, in geringerem Maße auch Hecheln.
Der Mensch jammert und stöhnt bei Schmerzen.	≠	Die Katze leidet still und möglichst unauffällig, außer einem kurzen Aufschrei bei einem Tritt auf den Schwanz o. ä.

Unterschiedliches Verhalten

Verhalten des Menschen		Verhalten der Katze
Der Mensch reibt eine schmerzende Stelle oder aber meidet Berührungen dort, legt sich hin.	≠	Die Katze zeigt eventuell Abwehr oder Ausweichen bei Berührung, beleckt, beißt oder kratzt die schmerzende Körperregion, ist inaktiv oder hyperaktiv, es kann zum Vernachlässigen der Fellpflege kommen.
Der Mensch umarmt einen anderen innig.	≠	Die Katze reibt sich am Menschen oder einem Artgenossen, um den eigenen Geruch mit dem des anderen zu vermischen und einen Gruppengeruch herzustellen.
Wenn der Mensch sein Gegenüber keines Blickes würdigt, gilt das als sehr unhöflich, signalisiert Desinteresse.	≠	Für die Katze wirkt dieses Verhalten höflich, sie fühlt sich eher ermutigt, von selbst Kontakt aufzunehmen.

Unterschiedliches Verhalten

Verhalten des Menschen		Verhalten der Katze
Ignorieren bedeutet beim Menschen Desinteresse oder sogar Bestrafung, wird als Ablehnung empfunden.	≠	Ignorieren kann bei einer Katze eingesetzt werden, um sie nicht zu bedrängen, aber auch, um ein unerwünschtes Verhalten nicht zu verstärken.
Der Mensch schüttelt mit dem Kopf zur Verneinung, Ablehnung.	≠	Schüttelt die Katze häufig und auffällig mit dem Kopf, könnte sie Ohrmilben haben.
Der Mensch zeigt mit dem Finger auf etwas/in eine Richtung.	≠	Die Katze schaut nur auf den Finger.

Fingerzeig

Katzen verstehen die Bedeutung der Geste, mit dem Finger auf etwas zu zeigen, nicht. Sie schauen nur auf den Finger, da sie selbst einen entsprechenden Gegenstand direkt anstarren (z. B. die Tür, wenn sie hinaus wollen) und nicht mit der Pfote auf etwas zeigen. Sie verstehen es nur und schauen hin, wenn der Mensch direkt auf etwas oder unmittelbar davor mit dem Finger tippt.

Ähnliches und identisches Verhalten

Mensch ≅ Katze

Ähnliches und identisches Verhalten

Verhalten des Menschen		Verhalten der Katze
Herausforderndes Anstarren oder jemanden mit seinem Blick fixieren.	≅	Das machen Katzen untereinander auch, ist ebenfalls Provokation.
Entspannter Augenkontakt: höflich, Aufmerksamkeit schenkend.	≅	Bei ängstlichen, unsicheren Katzen sollte er nicht zu lange dauern, da er dann doch eher als Fixierung empfunden wird.
Wegschauen/Blick abwenden/Umherschauen: Ein unsicherer Mensch vermeidet Blickkontakt oder beruhigt sich, wenn sein Gegenüber das Anstarren aufgibt.	≅	Katzen wenden das Wegschauen an, um Frieden zu schließen, Konflikten aus dem Weg zu gehen, zu beruhigen oder zu beschwichtigen.
Der Mensch seufzt traurig, gestresst, bei Sorgen oder aber aus Wohlbehagen.	≅	Die Katze seufzt in erster Linie aus Wohlbehagen.
Der Mensch stöhnt bei Anstrengung.	≅	Die Katze stöhnt gegebenenfalls bei festem Stuhlgang.

Ähnliches und identisches Verhalten

Lernen und Erziehung

Am besten, ehesten und angenehmsten lernt der Mensch durch Lob und Belohnung, durch Motivation, Versuch und Irrtum oder aufgrund von Gewöhnung. Genau gleich verhält es sich auch bei Katzen. Das sollten Sie immer beherzigen, wenn Sie mit Ihrer Katze umgehen.

Wenn man seiner Katze zeigen will, was sie einerseits tun soll und darf und was andererseits nicht erwünscht ist, sollte man wissen, wie Katzen am Besten lernen. Grundsätzlich lernen Katzen vor allem durch positive Verstärkung, das heißt dadurch, dass man sie gleichzeitig lobt, wenn sie ein erwünschtes Verhalten zeigen. Auch kurze, klare Signal wie z. B. »Nein!« werden gut verstanden. Ob sich die Katze allerdings immer daran hält, ist eine andere Sache ... Hingegen ist es nicht sinnvoll, eine Katze zeitgleich mit einem unerwünschten Verhalten zu bestrafen, denn dann wirkt der Mensch auf sie unberechenbar und sie bekommt keine Alternativen aufgezeigt, was sie stattdessen tun könnte. Ein erhobener Zeigefinger funktioniert oft sehr gut als Tadel/Verbot, da diese Geste der erhobenen Pfote einer verärgerten Katze ähnelt. Genau wie der Mensch braucht auch eine Katze klare Regeln. Inkonsequenz wird von beiden ausgenutzt.

Depression und Reaktion auf Stress

Bei anhaltendem, negativ empfundenem Dauerstress, Vereinsamung, sozialer Vernachlässigung, einem großen Verlust oder einer extremen Veränderung der Lebensumstände beziehungsweise, wenn diese unerträglich sind, kann eine Katze – genau wie der Mensch – depressiv werden. Dies äußert sich durch Rückzug, Lethargie, übermäßiges Schlafen oder Schlaflosigkeit, Appetitlosigkeit, Persönlichkeits- oder allgemeine Verhaltensänderung, extreme Ängstlichkeit und Schreckhaftigkeit, psychosomatisch bedingtes Erbrechen, Durchfall oder Verstopfung, Unruhe, Übererregtheit, Hyperaktivität oder Aggression.

Missverständliches Verhalten

Mensch→ ←Katze

Missverständliches Verhalten

Verhalten des Menschen		Verhalten der Katze
Der Mensch ruft die Katze, aber sie kommt nicht.	⇄	»Benutze diesen Ruf immer nur in einem positiven Zusammenhang, damit es sich für mich lohnt zu kommen. Es kann aber auch sein, dass ich einfach gerade keine Lust oder etwas Besseres zu tun habe.«
Der Mensch redet in ganzen Sätzen auf die Katze ein.	⇄	»Hääh? Ich verstehe dich nicht und weiß nicht, was du von mir willst.«
Der Mensch bombardiert die Katze mit langen Schimpftiraden oder ausführlichen Erklärungen.	⇄	Die Katze versteht kein Wort, ist für sie ähnlich, als würde mit uns jemand z. B. Hebräisch sprechen.
Der Mensch schimpft erst nach seiner Rückkehr mit der Katze.	⇄	Die Katze kann das nicht mehr mit ihrer entsprechenden Handlung/Untat in Verbindung bringen.

Missverständliches Verhalten

So nicht, Kätzchen!

Verwenden Sie nur einzelne, immer wiederkehrende Worte oder ganz kurze Sätze, wenn Sie mit Ihrer Katze sprechen, dann erkennt sie den Zusammenhang und kann sich die einzelnen Begriffe merken.
Bei einem unerwünschten Verhalten sollten Sie genau in dem Augenblick laut und prägnant »Nein!« sagen und/oder in die Hände klatschen. Eine Bestrafung sollte höchstens »anonym« durch ein lautes Geräusch oder das Spritzen mit Wasser erfolgen. So versteht die Katze, dass sie etwas nicht mehr tun soll, ohne die Strafe direkt mit dem Menschen in Verbindung zu bringen.

Verhalten des Menschen	Verhalten der Katze
Die Katze schaut beim Schimpfen des Menschen mit ihr weg.	Sie tut das zur Beschwichtigung und schaut den Menschen nicht direkt an, da dies aus ihrer Sicht eine Provokation wäre. Der Mensch denkt jedoch oft, die Katze wäre unverschämt und ignorant.
Der Mensch schimpft laut vor sich hin, weil er sich geärgert hat.	Das bezieht die Katze häufig auf sich, weil ja niemand anders da ist.
Der Mensch schaut der Katze direkt in die Augen, um Interesse und Zuneigung auszudrücken.	»Hilfe, der starrt mich an! Eine Kampfansage. Pure Provokation.«

Missverständliches Verhalten

Verhalten des Menschen	Verhalten der Katze
Der Mensch beachtet eine fremde Katze nicht, sieht sie nicht an, aus Angst oder Desinteresse. ⇄	»Oh, wie höflich und unaufdringlich. Diesem Menschen springe ich am besten mal auf den Schoß und erforsche ihn näher.«
Der Mensch nimmt die Katze auf den Arm. ⇄	»Hilfe! Ich verliere den Boden unter den Pfoten und werde auch noch festgehalten. So würde mich ein Raubtier auch packen. Das bedeutet Gefahr. Ich will sofort runter.«
Der Mensch nimmt die Katze auf den Arm und geht mit ihr in der Wohnung herum. ⇄	»Hilfe, ich werde hochgenommen! Aber Moment mal, jetzt sehe ich endlich, was oben auf dem Schrank steht. Spannend!« *Katzen akzeptieren das Hochgenommenwerden oft, wenn sich dadurch für sie neue Ausblicke ergeben.*

Missverständliches Verhalten

Verhalten des Menschen	Verhalten der Katze
Der Mensch will, dass die Katze zu ihm auf den Schoß kommt. ⇄	»Nein, lieber nicht. Dazu fehlt mir (noch) das Vertrauen.« Oder: »Nein danke, das ist mir zu unbequem. Mein Mensch ist schlank und seine Beine eher knochig, so dass ich mit den Pfoten immer in die Ritze in der Mitte rutsche.« *Dann kann es helfen, ein Kissen, eine Wolldecke o. ä. über den Schoß zu legen, um eine ebenere Fläche zu schaffen.*
Der Mensch beugt sich von oben herab über die Katze und greift nach ihr oder hält sie gegen ihren Willen fest. ⇄	»Hilfe, das ist so, als wolle mich ein Raubtier packen.«
Der Mensch krault die Katze am Bauch, weil sie dort so schön weich ist. ⇄	»Pass ja gut auf meine Körpersprache auf. In dieser Position kann ich nämlich alle meine Waffen, die Zähne, Krallen und Hinterpfoten zum Treten einsetzen.«

Missverständliches Verhalten

Verhalten des Menschen	Verhalten der Katze
Der Mensch holt den Transportkorb. ↔	»Hilfe, ich werde eingesperrt. Hilfe, ich muss zum Tierarzt, denn nur dann kommt der mit diesem Ding an.«

Bevor die Reise losgeht

Wenn Sie Ihre Katze im Transportkorb transportieren müssen, stellen Sie ihn vorher für einige Tage in die Wohnung, am besten mit Spielzeug oder Leckerchen. Dann merkt die Katze, dass nichts passiert, ihre Neugier ist geweckt. Sie wird den Korb erkunden und sich vielleicht sogar zum Schlafen hineinlegen.

Die Katze ist unruhig während der Autofahrt. ↔	»Hilfe, ich will hier raus. Mir ist schlecht. Ich will nicht zum Tierarzt. Ich will sofort wieder nach Hause.«

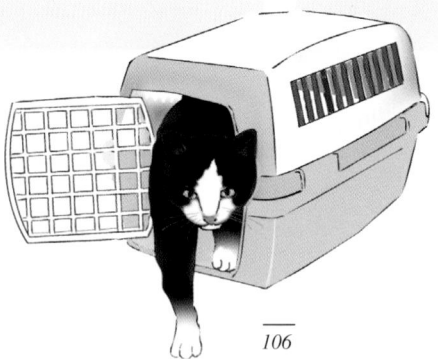

Missverständliches Verhalten

Verhalten des Menschen	Verhalten der Katze
Der Mensch macht zu viel Action, er überbeschäftigt oder überfordert die Katze. ⇄	Die Katze empfindet Nervosität, Stress, Unruhe, was sich negativ auf das Immunsystem auswirkt. Sie zeigt übertriebene oder vernachlässigte Fellpflege, Appetitlosigkeit, Aggression oder Fluchtreaktionen. Häufig versucht sie, sich durch Rückzug/Schlafen zu entziehen.
Der Mensch beschäftigt sich wenig mit seiner Katze, bietet ihr kaum Anreize, unterfordert sie. Der Mensch denkt dann, die Katze hat nur Unsinn im Kopf. ⇄	Die Katze empfindet Langeweile, Frustration, aufgestaute Energien, die sich dann beispielsweise in Hyperaktivität oder Zerstörungswut entladen.
Der Mensch denkt, die Katze ist einfach faul. ⇄	Die Katze langweilt sich. Langeweile führt zu Lethargie, Übergewicht, exzessivem Putzen, Frustration, schlechtem oder extremem Appetit, zu viel Schlafen.

Missverständliches Verhalten

Verhalten des Menschen	Verhalten der Katze
Der Mensch schenkt der Katze Aufmerksamkeit bei einem unerwünschten Verhalten. ⇄	Die Katze empfindet auch Schimpfen als Form von Aufmerksamkeit und somit gegebenenfalls als Belohnung.
Der Mensch tröstet die Katze, wenn sie Angst hat. ⇄	Die Katze empfindet das als Bestätigung, dass es einen Grund für ihre Angst gibt, der Mensch wirkt ja ebenso verunsichert.
Der Mensch will die Katze beruhigen, wenn sie beispielsweise eine andere Katze angreift. ⇄	Die Katze empfindet das als Belohnung und Bestätigung ihres Verhaltens.
Der Mensch schafft einen neuen, fremden Artgenossen für die Katze an. ⇄	Für die Katze ist das so, als würde man uns ohne Vorwarnung einen Mitbewohner zuteilen, der ab sofort 24 Stunden bei uns lebt und mit dem wir alle Ressourcen teilen sollen.

Missverständliches Verhalten

Verhalten des Menschen		Verhalten der Katze
Der Mensch schafft sich mehrere Katzen an.	⇄	Katzen haben in einem Mehrkatzenhaushalt immer eher Stress, müssen mit allen auskommen.
Ein neuer, fremder Mensch zieht ein.	⇄	Die Katze kann mit Markieren der Kleidungsstücke, der Aufenthaltsorte (Sessel o. ä.) reagieren, um mit dem eigenen Geruch einen vertrauten Gruppengeruch herzustellen; kann sich auch verkriechen, apathisch oder aber aggressiv werden.

Routine

Katzen lieben und brauchen Routine, einen festen Tagesablauf, und dass ihre Menschen vorhersehbar und berechenbar sind. Durch mangelnde Routine wird die Katze verunsichert, kann sich auf nichts einstellen, wird unruhig und verunsichert.

Missverständliches Verhalten

Verhalten des Menschen	Verhalten der Katze
Der Mensch hat plötzlich weniger Zeit für die Katze, kommt später nach Hause oder ist häufiger abwesend. ⇄	Die Katze leidet und kann mit auffälligem Verhalten reagieren wie Unsauberkeit oder übertriebener Fellpflege etc.
Der Mensch ändert lieb gewordene Rituale. ⇄	Die Katze ist verunsichert und gestresst, kann mit Unsauberkeit, Rückzug u. ä. reagieren.
Der Mensch kommt nach Hause und beachtet die Katze nicht weiter, sondern geht eigenen Interessen nach. ⇄	Je nach Naturell wird die Katze durch Vokalisieren oder körperliche Belästigung versuchen, Aufmerksamkeit zu erlangen, oder aber sich enttäuscht und frustriert zurückziehen.
Der Mensch verstellt ständig die Möbel, schafft neue an, nimmt Veränderungen vor o. ä. ⇄	Die Katze wird diese unter Umständen mit Urin markieren, um sie durch ihren eigenen Geruch für sich vertrauter zu machen.

Missverständliches Verhalten

Verhalten des Menschen	Verhalten der Katze
Der Mensch schließt die Türen in der Wohnung, damit die Katze dort keinen Unfug macht. ⇄	Die Katze will ihr Revier jederzeit und vollständig inspizieren können. Das verleiht ihr Sicherheit.

Geschlossene Gesellschaft

Häufig gibt es geschlossene Zimmertüren, damit nicht überall Katzenhaare herumfliegen oder weil nichts kaputt gehen soll etc. Katzen wollen aber regelmäßig ihr komplettes Revier kontrollieren können. Es funktioniert nur, wenn eine Tür generell und ohne Ausnahme zu ist. Dafür sollte es jedoch wirklich einen guten Grund geben, ansonsten sollte vor allem Wohnungskatzen ein so großes Revier geboten werden wie möglich.

Der Mensch lässt die Katze z. B. einmal in den Flur, um ihn ihr zu zeigen, aber danach dann doch vorsichtshalber nicht mehr. ⇄	»Hey, du hast mein Revier vergrößert. Jetzt will ich es auch regelmäßig kontrollieren. Lass mich gefälligst raus.«
Der Mensch begrüßt freudig seine Katze nach einer Reise. ⇄	Die Katze kommt nicht sofort, sondern dreht ihm vielleicht sogar demonstrativ ihr Hinterteil zu. *Ein Begrüßungsangebot zur Analkontrolle.*

Missverständliches Verhalten

Verhalten des Menschen	Verhalten der Katze
Der Mensch parfümiert sich, um gut zu riechen oder findet starke Gerüche von Putzmittel oder Seife wohlriechend. ⇄	Katzen haben einen doppelt so guten Geruchssinn wie der Mensch und leiden daher unter starken Gerüchen.
Der Mensch raucht genüsslich Zigaretten, Zigarillos, Zigarren. ⇄	Die Katze leidet, denn sie atmet den Qualm ein, Rauch zieht in ihr Fell, und sie nimmt beim Putzen giftiges Nikotin aus ihrem Fell auf.

Rauchen schadet der Gesundheit

Wenn die Katze Zigarettenrauch ausgesetzt ist, leiden Lunge und Bronchien, was bis zum Asthma führen kann, und es kommt häufig zu krankhaften Veränderungen der Lymphknoten. Der Nikotingehalt in Lunge und Fell ist bei passiv rauchenden Katzen bis zu 30mal höher (!) als beim Raucher selbst, da Katzen fast doppelt so schnell atmen wie Menschen. Die Katze leidet zudem mit ihrem empfindlichen Geruchssinn unter dem Gestank, der anhält und auch vom Menschen ausgeht. Dasselbe gilt für den ekligen Geschmack, wenn sie sich putzt. Hinzu kommt, dass sie, wenn sie eine Zigarette frisst, am giftigen Nikotin sterben kann.

Missverständliches Verhalten

Verhalten des Menschen		Verhalten der Katze
Der Mensch hört laute (Rock-)Musik.	⇄	»Wie schrecklich, meine armen, empfindlichen Ohren.« Katzen hören alle Töne in 3-facher Lautstärke.
Der Mensch tritt mit Stöckelschuhen oder mit festen Schuhen kräftig auf.	⇄	»Hilfe, da vibriert ja sogar der Boden, und dieser Lärm! Das wirkt sehr bedrohlich, vor allem wenn diese Dinger auch noch direkt auf mich zukommen.«
Der Mensch spricht oder streitet sich laut.	⇄	Die Katze wird sich entfernen oder verunsichert reagieren, manche verkriechen sich sogar.

Missverständliches Verhalten

Verhalten des Menschen		Verhalten der Katze
Der Mensch schreit die Katze an, schimpft laut mit ihr.	⇄	Die Katze wird (noch mehr) verunsichert und zeigt das unerwünschte Verhalten daher eher schlimmer.

Der Ton macht die Musik

Katzen bevorzugen leises, ruhiges Reden in einem freundlichen Tonfall. Schmeichelndes, leises Flüstern kann von ihnen sogar als eine Art akustisches Streicheln empfunden werden. Sie genießen das sehr, denn es erinnert sie an Schnurren.

Verhalten des Menschen		Verhalten der Katze
Der Mensch hat extra ein schönes und teures Katzenbett gekauft.	⇄	Die Katze benutzt es nicht, sondern sucht sich ihre eigenen bevorzugten Schlafstellen, die öfter wechseln und nicht immer gleich bleiben.
Der Mensch lockt die Katze übermäßig und aufdringlich, um Kontakt zu erzwingen.	⇄	Die Katze geht weg, zieht sich zurück.

Missverständliches Verhalten

Verhalten des Menschen	Verhalten der Katze
Der Mensch reagiert aggressiv, wenn die Katze kratzt.	Dies wird von der Katze als Kampfansage bzw. Bestätigung interpretiert.
Der Mensch zieht die Katze mit Gewalt aus ihrem Versteck.	Das kann bei ihr Angst oder Aggression erzeugen.
Der Mensch stört die Katze rücksichtslos beim Schlafen.	Das kann bei ihr zu Schlafstörungen und Stresssymptomen führen.
Der Mensch stört die Katze rücksichtslos beim Fressen.	Das kann bei ihr zu Störungen im Fressverhalten, aber auch zu Aggression führen.
Der Mensch füttert die Katze nur aus der Hand.	Die Katze frisst nicht in seiner Abwesenheit, was sehr problematisch ist, wenn er im Urlaub, im Krankenhaus etc. ist.

Missverständliches Verhalten

Verhalten des Menschen	Verhalten der Katze
Der Mensch redet auf eine fremde Katze ein und lockt sie unaufhörlich.	»Wie aufdringlich, nein danke. Da haue ich lieber ab.«
Der Mensch ignoriert eine ängstliche, unsichere Katze.	»Gott sei Dank, dieser Mensch beherrscht die Katzenregeln. Vor dem muss ich nicht so viel Angst haben.«
Der Mensch ärgert sich über überall herumfliegende Katzenhaare, da er seine Haare nur im Bad beim Kämmen verliert.	Die Katze putzt sich einfach überall und verliert auch unwillkürlich Haare.
Der Mensch ärgert sich über Streu vor der Katzentoilette und auf dem Teppich.	Die Katze schüttelt beim Verlassen der Toilette ihre Pfoten, damit die Streuklümpchen, die sich dort festgesetzt haben, herausfallen. Es würde ihr sonst wehtun, so als hätten wir kleine Steinchen im Schuh.

Missverständliches Verhalten

Verhalten des Menschen		Verhalten der Katze
»Es stinkt hier/bei euch nach Katze.«	⇄	Die Katze hat keinen vom Menschen wahrnehmbaren Eigengeruch, es riecht daher höchstens nach Katzenurin, weil die Katzentoilette nicht oft genug gesäubert wird.
Der Mensch ärgert sich, dass die Katze die Katzenklappe oder das Klapptürchen der Katzentoilette nicht benutzt.	⇄	Diese Türen stellen für die Katze eine Barriere dar, sie braucht Training, um zu lernen, diese Hindernisse zu überwinden.

Lauernde Gefahren

Vorsicht bei Gefahrenquellen wie einem Sturz über die ungesicherte Balkonbrüstung oder aus dem offenen Fenster beim Haschen nach einem Schmetterling, der Gefahr durch eine offene Waschmaschine, Verstecken in Wäsche im Wäschekorb, Kippfenster, Herdplatte, Kerzen, Kabel, Giftpflanzen, gefüllte Badewanne etc. Sie sollten nicht denken, Ihre Katze könne schon alleine auf sich aufpassen. Im Eifer des Gefechts, wenn sie z. B. etwas Interessantes jagt, vergisst sie alle Vorsicht.

Katzenregeln an den Menschen

Nein, danke:

- Nicht beim Schlafen, beim Fressen und auf der Katzentoilette stören.
- Nicht am Fell, an den Ohren oder am Schwanz ziehen.
- Eine Katze nicht jagen oder sie durch laute Geräusche erschrecken.
- Sie nicht gegen ihren Willen zu etwas zwingen, sie festhalten oder auf den Arm nehmen.
- Sie nicht anschreien, bestrafen, unberechenbar reagieren.
- Keine geschlossenen Türen in ihrem Revier.
- Nicht ständig alles ändern, mit Neuem und Fremdem konfrontieren, Routine verändern und mit Gewohnheiten brechen.
- Keine Gefahrenquellen im Haus, Garten und auf dem Balkon.
- Kein Lärm, keine Hektik, keine starken Gerüche, kein Stress.
- Nicht vergessen, beim Streicheln auf ihre Körpersprache und ihre »Waffen« zu achten.

Ja, bitte:

- Liebevolles Streicheln, wenn die Katze es mag und freiwillig stillhält.
- Regelmäßige Aufmerksamkeit, Zuwendung und Ansprache.
- Genügend Beschäftigung und Anregungen in Form von gemeinsamem Spiel, Futtersuchspielen und Kletter-, Versteck-, Kratzmöglichkeiten.
- Zuverlässige Versorgung mit Futter, frischem Wasser und einer sauberen Katzentoilette.
- Fürsorge für die Gesundheit und das Wohlergehen, Hilfe bei Schmerzen und Krankheiten.
- Genügend und geschützte Rückzugsmöglichkeiten, vor allem in einem Mehrkatzenhaushalt.
- Routine und lieb gewonnene Gewohnheiten beibehalten.
- Erwünschtes Verhalten loben und belohnen.
- Konsequent sein, was Regeln betrifft.
- Manche Katzen wünschen sich einen Artgenossen.

Menschenregeln an die Katze

Nein, danke:*

- Nicht kratzen, nicht beißen.
- Nicht aggressiv, nicht ängstlich, nicht scheu sein.
- Möglichst wenig herumfliegende Katzenhaare und erbrochene Haarballen.
- Manche Menschen wollen nicht, dass die Katze ins Bett kommt.
- Nicht nachts oder frühmorgens den Menschen durch Lärm oder Aufdringlichkeit wecken.
- Nicht an der Tapete, am Sofa etc. kratzen.
- Nichts herunterwerfen oder kaputt machen.
- Nicht auf den Esstisch springen, kein Essen stehlen, nicht am Tisch betteln.
- Nicht auf den Herd springen.
- Nicht in der Gardine herumklettern.

Ja, bitte:

- Schmusen, kuscheln und anschmiegsam sein.
- Zuneigung und Wohlbefinden durch Schnurren zum Ausdruck bringen.
- Immer zuverlässig und ausschließlich die Katzentoilette benutzen.
- Stets Kratzbaum und Kratzbretter zum Schärfen der Krallen verwenden.
- Gesellschaft bieten und einfühlsam auf menschliche Stimmungen reagieren.
- Die vom Menschen aufgestellten Regeln immer einhalten.
- Frieden in der Katzengruppe.
- Unproblematisches und harmonisches Zusammenleben mit den Menschen.
- Gut alleine bleiben können.
- In einem entsprechenden Umfeld zuverlässig Mäuse fangen.

* Wie Sie Ihre Katze dazu bringen, Ihre Regeln zu beherzigen, finden Sie im Kasten »Lernen und Erziehung« auf S. 99 sowie im Kasten »So nicht, Kätzchen!« auf S. 103. Noch mehr Infos zum Thema finden Sie auch in dem Buch *Das Seelenleben der Samtpfoten* von Petra Twardokus.

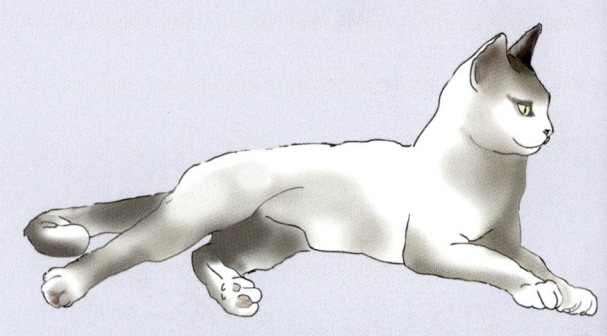

Unterschiedliche Katzenpersönlichkeiten

Jede Katze hat wie jeder Mensch ihre eigene Persönlichkeit, Charakter, Eigenarten, Vorlieben und Abneigungen. Es gibt Katzen, die eher schüchtern, ruhig und zurückhaltend sind, andere dagegen sind Individualisten, unabhängig, draufgängerisch und temperamentvoll. Auch Katzen der gleichen Rasse oder aus demselben Wurf sind psychologisch gesehen oftmals sehr verschieden. Sicherlich ist vieles angeboren, wird aber durch die Lebenserfahrungen und unterschiedliche Einflüsse verstärkt beziehungsweise abgebaut. Die Weichen werden recht früh gestellt, denn Katzen durchleben eine Sozialisation, in deren Verlauf ihre Persönlichkeit die entscheidenden Prägungen erfährt. Neuen wissenschaftlichen Erkenntnissen zufolge liegt der Zeitraum, in dem sie entscheidend geprägt werden, zwischen der zweiten und siebten Lebenswoche. Viel Zuwendung, liebevolle Versorgung und zärtliche Streicheleinheiten in dieser Phase geben einer Katze die Möglichkeit, sich zu einem kontaktfreudigen und menschenfreundlichen Wesen zu entwickeln. Das soziale Milieu beeinflusst ihr späteres Verhalten gegenüber Artgenossen und Menschen.

Werden Frühkontakte zu Menschen oder anderen Katzen unterbunden, ist die Wahrscheinlichkeit sehr groß, dass sie sich zu einem ausgesprochenen Einzelgänger entwickelt und sich ihr Leben lang gegenüber Menschen sowie Katzen zurückhaltend, scheu, ängstlich oder aber aggressiv verhält. Von Zutraulichkeit gibt es dann keine Spur.

Katzen haben also wie wir Menschen einen Grundcharakter, der durch Sozialisation und die Lebensumstände weiter entfaltet wird. Darum können sie sich im Laufe eines Katzenlebens auch verändern, denn sie sind menschlichen Lebensverhältnissen ausgeliefert.

Stresssituationen und Veränderungen prägen eine sensible Katze erheblich und beeinflussen ihr Verhalten sehr stark. Es gibt einschneidende Erlebnisse, wie ausgesetzt zu werden, ein Leben im Tierheim, den Verlust eines Katzenkameraden oder auch eines Menschen und vieles mehr. Katzen, die keine guten Erfahrungen mit Menschen gemacht haben oder von Artgenossen gejagt werden, können ihr ganzes Leben darunter leiden. Es kann lange dauern, bis sie wieder von Grund auf lernen, zu vertrauen.

Jede Katze besitzt neben körperlichen Eigenarten also einen individuellen Charakter sowie besondere Neigungen und Abneigungen, die nur sie alleine hegt. Katzen sind Persönlichkeiten und Individualisten, und der Charakter variiert von Katze zu Katze. Es gibt die Draufgänger, die Klugen, die Vorsichtigen, die Ängstlichen, die Verspielten, die besonders Verschmusten, die Gierigen und die, die sich eher zurückhalten. Einige sind aktiv und bersten fast vor Energie, andere sind eher ruhig und scheu, manche sind anhänglich, andere wiederum unabhängige Individualisten.

Entscheidend ist jedoch, dass Lebewesen einfach nicht immer berechenbar sind, denn es sind Individuen mit verschiedenen Facetten. Es kommt immer auch auf zusätzliche Faktoren an wie die Situation, Tagesform, die Stimmung etc. Darum sind Katzen wie Menschen nie nur so oder so und lassen sich in keine Schublade stecken.

Katzenmythen

Zum Thema Kastration:

»Wie schrecklich. Das arme Tier.«

Die Kastration erleichtert der Katze in vielen Fällen das Leben. Sie kann jetzt viel entspannter sein und steht nicht mehr unter dem Stress des Fortpflanzungstriebs.

»Katzen werden nach der Kastration dick und faul.«

Das stimmt nicht. Sie bleiben neugierig, interessiert und schlank, werden dem Menschen gegenüber häufig anschmiegsamer und wirken insgesamt ausgeglichener.

»Eine Kätzin sollte einmal geworfen haben.«

Das ist veraltet und falsch. Es gibt viel zu viele (unerwünschte) Kitten. Außerdem wird die Kätzin nach einer Kastration nicht mehr scheinschwanger und die Gefahr für Gebärmutterkrebs u. ä. wird reduziert.

Andere Mythen und Vorstellungen:

»Katzen sind falsch und greifen ohne Vorwarnung an.«

Ihre Mimik und Gestik sind manchmal minimal, der Mensch (er)kennt sie nur nicht.

»Katzen haben eine innere Uhr.«

Die Katze hat ein sehr gutes Zeitgefühl, aber nimmt auch kleinste Veränderungen beim Menschen wahr, der z. B. Anstalten macht, in die Küche zu gehen.

Katzen können angeblich hellsehen, sehen Erdbeben und Vulkanausbrüche voraus.

Der Mensch spürt auch manchmal nervöse Spannung, Kopfdruck, Herzklopfen u. ä. bei Wetterwechsel oder Gefahr, kann aber diese Zeichen nicht wirklich deuten. Die Katze erspürt zudem eine Erhöhung der statischen Elektrizität, reagiert auf plötzliche Veränderungen im Magnetfeld der Erde und hat feinere Sensoren.

Vorbildhaftes Katzenverhalten oder: Was Menschen von Katzen lernen können

Katzen lehren uns Hingabe und Passivität. Im Zusammenleben mit ihnen können wir lernen, Dinge auf uns zukommen zu lassen, loszulassen, keine ständige Erwartungshaltung zu haben, sondern auch einmal passiv zu sein und absichtslos geschehen zu lassen. Katzen ruhen einfach in sich selbst und vermitteln uns einen Eindruck davon, wie es ist, völlig in sich selbst versunken zu sein. Beim Streicheln einer entspannten Katze überträgt sich die von ihr ausgehende Ruhe direkt auf den Menschen.

Katzen können den Augenblick vollkommen bewusst genießen, was eine Voraussetzung für Lebensfreude ist. Sie räkeln sich genüsslich in der Sonne, kuscheln sich an einer gemütlichen Stelle ein, lassen sich gerne lukullisch verwöhnen, schmiegen sich an und schnurren vor Wohlgefühl, wenn sie liebevoll gestreichelt werden. Sie können sich einfach fallen lassen und mit allen Sinnen genussvoll wahrnehmen.
Katzen empfinden Gelassenheit und strahlen sie auch aus. Für sie gibt es keine Hektik, keinen Stress, den sie sich selbst machen, keinen Zeitdruck wegen irgendwelcher Termine. Für sie ist Ausruhen und Entspannen weitaus wichtiger. Daher mögen sie auch keine (ständigen) Veränderungen.

Sie lassen alles auf sich zukommen, haben keine Erwartungshaltung, sondern sind absichtslos und können einfach geschehen lassen. Eine Ausnahme ist vielleicht, wenn sie ungeduldig werden, weil es etwas Leckeres gibt. Dann kann schon ein energisch miauendes »Beeil dich, ich habe Hunger« ertönen.
Katzen haben einen großen Erkundungsdrang und sind neugierig. Wird eine Wohnungskatze plötzlich zum Freigänger, verfügt sie sofort über eine hervorragende Wahrnehmung und Intuition.

Katzen verfügen über eine erstaunliche Zielstrebigkeit, denn sie wissen, was sie wollen und haben Geduld, es zu bekommen. Zum stundenlangen Lauern vor einem Mauseloch oder nächtlichen Miauen gehört zudem genügend Hartnäckigkeit.

Katzen leben im Hier und Jetzt, denken nicht an Vergangenes, beschäftigen sich nicht mit der Zukunft, machen sich keine Sorgen über morgen oder was geschehen könnte. Eine Ausnahme sind vielleicht sehr schlechte Erfahrungen, ein erlebtes Trauma, Angst in bestimmten Situationen. Dann kann auch bei ihnen in bestimmten Situationen ein alter Film vor dem inneren Auge ablaufen und sie reagieren überzogen und unangemessen. Das ist jedoch die Ausnahme und nicht die Regel.

Katzen sind auch nicht nachtragend, provokativ oder berechnend, wollen sich nicht rächen, sondern leben in der Gegenwart. Sie verschwenden keine Zeit mit Grübeleien, Ärger, Sorgen oder Problemen. Eine Katze jagt eine Fliege, die plötzlich verschwunden ist. Anstatt frustriert zu sein, sonnt sie sich desinteressiert und entspannt sich. Sie schaltet ab, ohne weiter permanent darüber nachzudenken. Entwischt ihr eine Maus, richtet sie ihre Aufmerksamkeit auf eine neue Gelegenheit.

Katzen wird häufig vorgeworfen, manipulativ und fordernd zu sein. Dabei setzen sie sich lediglich für ihre Bedürfnisse ein, was doch völlig legitim ist. Sie akzeptieren es, wenn ihnen etwas verweigert wird, ohne zu murren oder nachtragend zu sein, nach dem Motto »Na gut, dann eben nicht.« Sie passen sich dann den Gegebenheiten an, lehnen sich nicht dagegen auf, schwimmen nicht gegen den Strom, kämpfen nicht gegen Windmühlen, fügen sich einfach hinein.

Meistens setzen Katzen sich für ihre Interessen jedoch sehr charmant und liebenswert ein, so dass der Mensch gar nicht widerstehen kann, darauf einzugehen. Sie haben viel Überzeugungskraft, schreiten einfach zur Tat und werden aktiv.

Katzen signalisieren auch, wenn sie Zärtlichkeit möchten. Sie zeigen also ganz offen und deutlich ihre Bedürfnisse und setzen sich für die Erfüllung ihrer Bedürfnisse ein. Viele Menschen dagegen trauen sich nicht, ihre wahren Bedürfnisse zu zeigen und zu äußern, hoffen aber, dass ein anderer sie erahnt. Jeder ist jedoch für seine Bedürfnisse selbst verantwortlich, sollte sie erkennen und dafür Sorge tragen, dass sie befriedigt werden.

Worin Katzen uns Menschen meist überlegen sind

- *Katzen haben große Geduld, denn sie lauern unter Umständen stundenlang vor einem Mauseloch, und sie besitzen Ausdauer, vor allem beim An-der-Tür-Kratzen, bis diese endlich geöffnet wird oder beim nächtlichen Vokalisieren, bis der Mensch endlich aufsteht.*

- *Sie haben eine große Durchsetzungs- und Überzeugungskraft, denn wer kann dem Betteln einer Katze um Futter oder darum, hinaus gelassen zu werden, schon widerstehen?*

- *Sie verfügen über große Gelassenheit, denn Katzen lassen sich nicht so leicht aus der Ruhe bringen, sondern haben eine viel größere Akzeptanz und Anpassungsfähigkeit an Gegebenheiten als wir.*

- *Sie sind authentisch, mögen sich selbst wie sie sind, wollen nicht anders sein, streben nicht nach einer besseren Figur oder einer anderen Fellfarbe und verstellen sich nicht.*

- *Katzen drücken Stimmungen sehr direkt aus, leben Gefühle wie Wut sofort aus und fressen nichts in sich hinein, sondern geben sich so, wie ihnen gerade zumute ist.*

- *Katzen sind sehr selbstständig und haben Vertrauen in ihre Fähigkeiten.*

- *Katzen sind mit ihrem Leben zufrieden, streben nicht nach irgendetwas, wollen nicht immer mehr und immer wieder etwas anderes.*

- *Katzen leben jeden Augenblick ganz bewusst und sind stets mit allen Sinnen präsent.*

- *Katzen lieben (uns) bedingungslos, und zwar immer und für alle Zeit, ohne uns verändern zu wollen, Kritik an uns zu üben oder Bedingungen zu stellen.*

- *Katzen strahlen einfach eine beneidenswerte innere Ruhe und Frieden aus.*

Katzen vereinen absolute Gegensätze in sich

- *Unabhängigkeit und Verbundenheit*
- *Nähe und Distanz*
- *Gemeinschaftsleben und Eigenständigkeit*
- *Wildheit und Anschmiegsamkeit*
- *Erwachsensein und Kindsein*
- *Ernsthaftigkeit und Verspieltheit*
- *Fokussiertheit, also sich auf etwas voll und ganz konzentrieren sowie die Aufmerksamkeit darauf richten können, und Entspanntheit*
- *Aktivität und Ruhe*
- *Harmonie und Auseinandersetzung*
- *Schüchterne Zurückhaltung und unsagbaren Mut*

Die scheinbaren Widersprüche sind jedoch nur entgegengesetzte Pole ein und derselben Qualität. Ganzheit besteht immer aus allen Aspekten einer Qualität. Der Weg zur Ganzheit führt nicht über Ablehnung, sondern vielmehr über die Integration aller Aspekte einer Qualität. Vollkommenheit bedeutet nicht, perfekt zu sein, sondern voll mit unterschiedlichen Aspekten und reich an Facetten. Vielfalt statt Einseitigkeit. Das bedeutet: Alles kann und darf sein. Menschen leben dagegen oft in einer Polarität in Form von »entweder – oder« beziehungsweise sogar aus Unsicherheit in Form von »weder – noch«. Katzen leben stattdessen gleichzeitig in Form von »sowohl – als auch«. Sie gestatten sich, alles zu sein und zu leben und in jedem Moment bewusst das zu tun, was ihnen gerade gut tut.

Die Katzenpsychologin und Verhaltenstherapeutin Petra Twardokus ist aus TV-Sendungen sowie durch Artikel in Katzen- und Haustierzeitschriften bekannt. Sie veröffentlichte bereits die Bücher »Katzen in die Seele schauen«, »Coaching für Katzenhalter« und »Das Seelenleben der Samtpfoten«.

Neben der Beratung von Katzenhaltern bildet sie im von ihr gegründeten P. T. Institut mit staatlich zugelassenen Fernlehrgängen Tierpsychologen aus. Das Angebot beinhaltet darüber hinaus eine Bachblütentherapie-Ausbildung, verschiedene Fernkurse sowie Seminare für interessierte Katzenhalter.

Nähere Informationen finden Sie unter
www.katzenpsychologie.com
oder beim

P. T. Institut
Telefon 02 08 – 3 77 38 92
info@katzenpsychologie.com

Petra Twardokus beschäftigt sich in diesem Buch ausführlich mit der Psychologie der Katzen und erklärt, warum es bei unseren geliebten Samtpfoten zu Verhaltensauffälligkeiten kommen kann, wie sie sich äußern und mit welchen Therapien ihnen begegnet werden kann. Sie schildert die interessantesten Fälle aus ihrer täglichen Praxis und erläutert die in Frage kommenden therapeutischen Möglichkeiten. Der Leser erhält einen tiefen Einblick in das Seelenleben der Katzen und lernt dadurch, sein eigenes Tier besser zu verstehen.

ISBN 978-3-275-01761-4
164 Seiten, € 19,95

www.mueller-rueschlikon.de
Service-Hotline: 01805/00 41 25*
* 0,14€/Min. aus d. dt. Festnetz,
  max. 0,42 €/Min. aus Mobilfunknetzen

Müller Rüschlikon

Stand: September 2